奶牛生产性能测定
数智化解析

何开兵 李 广 周 霞 主编

中国农业科学技术出版社

图书在版编目（CIP）数据

奶牛生产性能测定数智化解析 / 何开兵，李广，周霞主编. -- 北京：中国农业科学技术出版社，2025.4.
ISBN 978-7-5116-7273-5

Ⅰ. S823.9-39

中国国家版本馆CIP数据核字第2025EE9315号

责任编辑	张国锋
责任校对	李向荣
责任印制	姜义伟　王思文

出 版 者	中国农业科学技术出版社
	北京市中关村南大街 12 号　邮编：100081
电　　话	（010）82109705（编辑室）（010）82106624（发行部）
	（010）82109709（读者服务部）
网　　址	https://castp.caas.cn
经 销 者	各地新华书店
印 刷 者	北京建宏印刷有限公司
开　　本	148 mm×210 mm　1/32
印　　张	6.25
字　　数	146 千字
版　　次	2025 年 4 月第 1 版　2025 年 4 月第 1 次印刷
定　　价	68.00 元

◆◆◆ 版权所有·侵权必究 ◆◆◆

2023年新疆兵团第一批"天山英才"支持计划("三农"骨干人才项目):奶牛精准营养与饲喂关键技术研究与应用。

2024年兵团重点领域科技攻关:奶牛生产性能数智化应用与智慧诊疗关键技术创新与示范,项目编号2024AB035。

《奶牛生产性能测定数智化解析》

主　编	何开兵	李　广	周　霞	
副主编	窦立静	王　丹	杨　阳	王煜舒
	马　宏	万　姣	吴　洁	曾文轩
	徐　烨	周　彬	马明新	李勇军

前言

当今，数字化和智能化日益快速发展，数智化技术的应用已经渗透到了各行各业，并已成为推动各行业发展和进步的重要力量。对于奶牛养殖业而言，这不仅仅是一个口号，更是关乎奶牛健康、工作效率以及生产性能的重大举措。特别是随着大数据、人工智能等技术的发展，奶牛生产性能测定（DHI）和数智化技术已成为促进奶牛养殖转型升级的关键。

奶牛生产性能测定是当前国际奶业发达国家广泛采用的对奶牛实施精细化管理的技术措施之一，它是引导并支撑我国奶业转型升级的重要举措，也是提高奶牛养殖技术、改进管理水平的一种有效手段，是从分散养殖向规模养殖、从数量扩张型向质量效益型过渡的一种技术途径，是传统奶产业向现代奶产业发展的一个重要标志。自2008年我国启动奶牛生产性能测定项目以来，我国的奶牛养殖规模化率达到了49%，参测奶牛数量、生产性能和生鲜乳质量均有大幅增加，极大地提升了奶牛种群的生产性能和遗传品质。这些成绩的取得，离不开DHI技术的广泛推广和应用。

然而，随着物联网、大数据等信息技术的快速发展，传统的奶牛生产性能测定工作方式已不能满足社会发展的需要，对奶牛生产性能测定工作提出了更高的要求，面临着一些挑战和问题。其中，数据采集的准确性、数据分析的深度和广度不足，以及缺乏有效的数据处理和分析是限制项目进一步推广应用和取得更好效果的瓶颈。此外，牧场管理者对奶牛生产性能测定的认知程度不高，数据记录的准确性也有待提高。

基于上述原因，我们组织编写了《奶牛生产性能测定数智化解析》一书，旨在深入探讨数智化技术在奶牛生产性能测定中的应用，以及如何通过智能化手段提升奶牛养殖业的整体竞争力。包括奶牛个体识别与记录、数据采集与记录、大数据分析以及数据分析解读系统设计与开发等方面。我们结合国内外的研究现状和成功案例，全面介绍数智化技术在奶牛生产性能测定领域中的具体应用，以期为奶牛养殖行业的可持续发展拓宽思路。

本书共分为五章，内容涵盖奶牛生产性能测定的基本概念、数智化技术的应用现状及前景，以及智能化决策系统的开发与应用。第一章引言介绍奶牛生产性能测定的重要性和本书的研究背景；第二章详细阐述数智化技术的发展概况及其在奶业中的应用；第三章从国内外的角度分析奶牛生产性能测定的发展现状；第四章重点探讨数智化技术在奶牛生产性能测定中的具体应用，包括个体识别、数据采集与分析等；第五章则聚焦于基于 DHI 数据的智能化决策系统设计与开发，为奶牛养殖提供精准管理的解决方案。

在编写本书的过程中，我们参考了大量的文献资料，并得到了许多专家和同仁的大力支持和帮助。在此，对他们提出的宝贵意见和无私分享表示衷心的感谢。在此，我们对所有支持和帮助完成本书编写的人员和单位表示衷心的感谢。

前　言

最后，我们期待读者通过阅读本书，能够获得启发，共同推动数智化技术在奶牛生产性能测定和奶牛养殖中的应用和发展。

因本书编者的水平有限且时间仓促，书中知识难免有疏漏与不足之处，敬请广大读者和奶牛养殖朋友们提出宝贵意见。

编者

2024.12

目 录

第一章 引言 ………………………………………………… 1

第二章 数智化技术概况 …………………………………… 5
  第一节 数智化技术研究背景 …………………………… 6
  第二节 数智化技术研究的目的与意义 ………………… 13
  第三节 奶业数智化技术研究现状 ……………………… 16

第三章 奶牛生产性能测定概述 …………………………… 32
  第一节 奶牛生产性能测定的意义 ……………………… 33
  第二节 国内外奶牛生产性能测定发展现状 …………… 38

第四章 数智化技术在奶牛生产性能测定中的应用 ……… 51
  第一节 奶牛个体识别与记录 …………………………… 52
  第二节 数据采集与记录 ………………………………… 55
  第三节 大数据分析在奶牛生产性能测定中的应用 …… 70
  第四节 奶牛生产性能测定数据分析解读系统设计与开发
    ………………………………………………………… 81

第五章　奶牛生产性能测定的智能化决策 ………………… 142
　第一节　基于 DHI 数据的奶牛健康养殖精准管理决策系统
　　　　　………………………………………………………… 142
　第二节　优质后备牛培育策略 ………………………… 147
　第三节　降低牛奶中体细胞数的技术措施 …………… 153
　第四节　提高产奶量的技术措施 ……………………… 155
　第五节　提高泌乳高峰产奶量的技术措施 …………… 162
　第六节　预防亚急性瘤胃酸中毒的营养调控措施 …… 163
　第七节　干奶围产期牛高纤低能日粮的饲喂策略 …… 174
　第八节　成母牛繁殖管理策略 ………………………… 184

第一章 引 言

奶业是农业现代化的标志性产业,也是助力健康中国建设不可或缺的基础性产业。2017年中央一号文件提出"全面振兴奶业";2018年6月,国务院办公厅发布实施《关于推进奶业振兴保障乳品质量安全的意见》〔国办发(2018)43号〕(以下简称《意见》),制定奶业发展目标,到2025年,奶业实现全面振兴,基本实现现代化,奶源基地、产品加工、乳品质量和产业竞争力整体水平进入世界先进行列;为贯彻落实该《意见》,2022年2月,农业农村部印发了《"十四五"奶业竞争力提升行动方案》〔农牧发(2022)8号〕,再次明确提出目标任务:巩固提升奶源供给保障能力,提高国产乳品质量、效益和竞争力,促进奶业高质量发展;2024年中央一号文件明确将"完善液态奶标准,规范复原乳标识,促进鲜奶消费"作为推动奶业发展的重要措施。在各项政策措施的推动下,奶业发展取得明显成效。《中国奶业质量报告(2024)》数据显示,2023年全国奶类总产量达4 281.3万t,同比增长6.3%,生鲜乳抽检合格率100%,乳蛋白平均含量达3.28%,主要营养和卫生指标比肩奶业发达国家。

2023年,受国际、国内市场环境影响,全国奶业形势严峻,奶源产能阶段性过剩、奶价持续下行,"跌跌不休",乳企喷粉比例超过20%，产业压力不断向养殖端传导，奶牛养殖业正经历着前所未有的困境；2024年，奶牛养殖业持续遭遇罕见的"冰霜期"，生鲜乳收购合同价格偏低，合同内外收购价均低于成本价出售，淘汰牛价格也跌至历史最低点，奶牛养殖业行业亏损面超过80%，奶牛养殖进退两难。农业农村部数据显示，截至2024年5月，国内原奶收购价格同比连跌27个月，为2010年以来持续时间最长的一次，降幅之大、时间之长均为近十年来罕见。《乳业时报》2024年9月6日报道，2024年上半年，现代牧业净亏损2.07亿元；中国圣牧净亏损1.44亿元，同比由盈转亏；澳亚集团净亏损6.36亿元，亏损额同比继续扩大……比起上述大型牧业集团的亏损，更多的中小牧场面临的是如何"生存"，部分中小型牧场以及社会化牧场面临资金链断裂，资不抵债，濒临破产的境地。

面对奶业困境，国务院高度重视，2024年8月23日，农业农村部召开了稳定奶牛、肉牛生产视频调度会；9月18日，国务院总理李强主持召开国务院常务会议，会议指出，要加大对牛羊养殖等支持力度，抓紧实施一批纾困政策，帮助养殖户渡过难关。强调当务之急是抓紧出台实施针对性纾困政策，金融支持、补贴政策、精准帮扶、指导服务等都要跟上。各级农业农村部门要主动对接金融机构，积极推动对暂时经营困难的养殖场（户）展期续贷，推动出台贷款贴息等政策，降低贷款成本。要抓紧协调推动出台专项补贴、以奖代补等支持政策，尽快兑付到场到户。要指导养殖场户合理调整优化畜群结构，抓好疫病防控，大力促进产销衔接，充分发挥网络直播等作用，引导扩大消费。

面对当前行业困难，各省市也相继制定和出台奶业纾困政

第一章　引　言

策，通过保险、补贴等方式切实帮助养殖场（户）渡过难关，稳定奶牛生产，加快奶业转型升级，推进高质量发展。如新疆兵团出台《2024年度促进兵团畜牧业稳定发展若干政策措施实施方案》十条措施，守住畜产品生产基本盘，提升畜牧业发展质量效益，加快推动畜牧业转型升级。山西省也出台了八项具体措施稳定肉牛奶牛生产。分别通过"先增后补、见犊补母"的方式，提供一次性良种扩繁推广补贴、强化信贷支持、推进养殖保险、提升疫病防控能力、强化精准帮扶、维护生鲜乳购销秩序、加强技术指导服务、优化项目资金管理等方面，从源头上保障肉牛奶牛供应，提高养殖效益。同时，山西省也鼓励各市县在组织落实好现有政策基础上，结合实际适时出台区域性的纾困政策，稳定肉牛奶牛产业发展。周期性是奶牛养殖产业的固有规律，遇到的问题也是发展中的曲折，需要结合长短期政策措施解决当前和深层次问题。奶牛养殖面临着提高生产效率和降低成本等诸多挑战，面对原奶过剩和价格倒挂的困境，行业内外需携手并进，通过压缩产能、优化牛群结构、节本增效等多措并举，共同推动奶业健康可持续发展。

奶牛生产性能测定是当前国际奶业发达国家广泛采用的对奶牛实施精细化管理的技术措施之一，它是引导并支撑我国奶业转型升级的重要举措，也是提高奶牛养殖技术、改进管理水平的一种有效手段，是从分散养殖向规模养殖、从数量扩张型向质量效益型过渡的一种技术途径，是传统奶产业向现代奶产业发展的一个重要标志，也是国际奶业发达国家普遍采用的一种综合性技术措施。我国奶牛生产性能测定技术起步较晚，近年来已经取得了一定成就，但在数据分析与利用方面仍存在不足。随着奶牛生产性能测定技术的进一步推广应用，如何将先进的技术与传统经验相结合，成为推动奶牛生产性能测定工作不断向前发展的重要课题，如何利用先进的科学技术手段将奶牛生产性能测定数据分析、应用与实际生产紧密结合，是当前亟须解决的问题。

随着物联网、大数据等信息技术的快速发展，传统的奶牛生产性能测定工作方式已不能满足社会发展的需要，对奶牛生产性能测定工作提出了更高的要求，面临着一些挑战和问题：一是目前奶牛生产性能测定与信息化、数智化管理要求不匹配，缺乏全面的数据分析应用技术，大量测定数据分散在各牧场，没有得到充分有效利用。因此，需要加快推动奶牛生产性能测定与信息化、数智化管理模式相匹配，提升对测定数据的综合分析、数智化分析与挖掘应用能力；二是奶牛生产性能测定数字化、智能化水平较低。我国奶牛生产性能测定数据来源多为人工记录，且数据不能实时更新和共享，同时，由于奶牛生产性能测定需要大量人力物力资源投入，导致人力物力过高，加之数据缺乏高效的分析应用技术和专业人员等因素限制了该项工作的开展。数智化技术的引入为奶牛生产性能测定提供了新的解决方案，使得养殖管理更加高效、精准和智能。近年来，随着互联网、物联网、大数据、信息化和人工智能等一代信息技术的蓬勃发展，数智化等新技术也逐步在奶牛生产性能测定技术中推广应用，借助该技术，进一步推动了奶牛生产性能测定数据应用。

第二章 数智化技术概况

　　数智化技术是使数字化、信息化与智能化的深度融合，是对数据的深度分析、挖掘和应用。它结合了大数据、人工智能、云计算等先进技术，将原本静态的数据转化为动态的知识。数智化的核心在于利用大量的数据，通过智能算法，实现对数据的分析、预测和决策支持。以数据驱动和智能决策为核心，将数据和智能技术相结合，通过数据采集、分析和处理，实现对生产过程的全面感知、深度分析和智能决策。通过数据驱动的智能化过程，推动各行各业的全面转型和升级。在奶牛生产性能测定技术推广应用中，数智化技术的应用主要包括互联网、物联网、大数据分析、人工智能等。这些技术能够帮助管理者实时监测和了解奶牛的生产性能、健康状况，发现奶牛养殖中存在的问题，提出改进建议，优化管理决策，提高奶牛生产性能。

　　数智化是通过数据的收集、分析、处理和应用，以实现生产管理的精准化、智能化和高效化。将数据应用于生产和管理等各个方面，实现对各方面的精准分析与优化决策，进而提高市场竞争力和经济效益。数智化是指利用先进的数据技术，将人、物、信息和管理有机结合起来，从而实现精准分析与智能决策。

第一节　数智化技术研究背景

随着经济社会的快速发展，互联网、物联网、大数据、信息化和人工智能等新一代信息技术得到了快速的发展，逐渐改变着我们的生活和生产方式。在国家政策和资本的推动下，我国奶牛养殖业不断通过信息化、数字化、智能化等新一代信息技术推动行业的快速发展。随着信息技术和奶牛养殖数字化转型的不断深入，信息化与数字化已成为奶牛养殖发展的两个重要手段。其中，在奶牛养殖数字化转型方面，传统的信息化解决方案已经不能满足当今奶牛养殖快速发展的需求，奶牛养殖需要通过数字化感知、智能化决策来提升自身能力。

随着数字化、信息化和智能化发展，信息孤岛现象也已成为普遍存在的问题。信息孤岛，也叫数据孤岛，是普遍存在于企业中的一种数据相互独立、无法共享的信息隔离现象。信息孤岛是组织内部存在的数据隔离现象，不同部门或团队拥有各自的数据存储系统，缺乏统一的数据共享和管理机制。简而言之，数据之间缺少关联性，数据库之间不能互相兼容，使企业无法适应快速多变、竞争激烈的市场环境，阻碍着企业的生存和发展。面对诸多问题，如何提高数据质量，以及如何提高数据之间的关联、关系和数据的有效分析利用是考虑的重点。

一、存在的问题

当前,在信息化进程中,各个方面都或多或少地出现了信息孤岛的现象,其主要表现在以下几个方面。

(一)数据质量欠佳,具体表现在如下几个方面

1. 数据标准不统一,口径不一致,缺乏统一的标准。

在实际业务中,由于对数据的需求不一样,对数据的定义也是不一样的。如在奶牛养殖领域,挤奶设备的数字化转型升级是实现智慧牧场的关键一环。然而,不同厂商生产的挤奶设备往往存在数据接口不统一的问题,这给系统集成和数据整合带来了挑战;在奶牛生产性能测定工作中普遍存在数据分析利用不够充分、报告编写质量不高、数据利用不够全面的问题,一定程度上影响了工作效率和数据的利用价值。

2. 数据治理能力不足。

当前很多企业的数据治理能力较弱,缺乏对于数据质量、安全等方面的治理能力。数据治理体系建设是一个复杂且长期的过程,需要有一套完整的标准体系。而对于很多奶牛养殖场来说,其在这方面并没有一个比较明确的标准和规范,并且也没有一套专门针对数据质量问题的解决方案。奶牛生产性能测定、数据治理是确保数据质量和有效利用的关键环节。

3. 对企业内部数据质量管理重视程度不够。

在奶牛养殖领域,内部数据质量管理是确保数据准确性、可靠性和有效性的关键。在现实生产中,很多奶牛养殖场并没有形成一个对内部数据质量管理的标准和规范,也没有建立一

套完整的内部数据质量管理体系,甚至很多中小规模奶牛养殖场对内部数据质量管理不够重视。在实际业务中,奶牛养殖场一般通过人工处理来解决相关问题。

4. 缺少必要的技术手段来解决问题。

对于一些大型规模化奶牛养殖企业来说,往往会有大量的业务系统和应用系统存在于企业中。这些系统在实际业务中扮演着不同的角色和功能。有些系统负责处理企业内部业务流程中涉及的各种信息;有些系统则负责处理外部系统提供的各种信息;还有一些系统则是负责处理企业与外部其他机构之间交换来的信息。这些不同类型、不同来源、不同格式的信息对于企业来说都是非常重要和关键的信息资源,如果将这些信息资源进行整合和充分利用的话,能够给企业带来很大帮助。但由于各业务系统之间缺乏相应对接机制或接口标准,导致了这些数据无法进行有效整合和充分利用。

5. 缺少相应管理制度。

对于一些大型规模化奶牛养殖企业来说,往往会建立一些专门用于管理内部数据质量管理的部门或机构,负责整个企业内部数据质量管理工作。但随着信息化建设不断推进,越来越多的业务系统会出现在企业中,而这些业务系统往往都会与其相应部门或者机构进行对接和协调。因此这些部门或者机构就需要对这些业务系统进行相关管理工作和管理职责上的划分以及权责上的确定等,从而才能保证这些业务系统能够正常运行并发挥作用。

6. 对数据质量相关人员培训不够。

随着信息化建设不断深入推进以及各种业务系统不断上线运行等情况,越来越多的人参与到了信息化建设和应用中来,而由于一些相关人员对于信息化建设和应用不够了解或者是缺乏相应知识和技能等原因，导致其在工作中无法很好地去满足企业发展需求，以及面对业务需求时不能很好地去解决相关问题。如，在对一些企业内部人员进行相关培训时往往就会出现一些问题，主要就是因为培训内容和方法存在问题或者是缺乏必要培训内容而导致效果不明显等。因此加强对相关人员培训是保证企业信息化建设成果非常重要和关键的一步。

（二）各系统之间存在信息孤岛，数据共享困难

在奶牛养殖领域，信息孤岛是指在养殖场内部建立的各个业务系统之间信息不互通，缺乏信息共享与协作，形成一些相互独立、互不联系的信息孤岛。由于各系统之间没有统一的数据标准，各个业务系统所使用的数据来源、数据结构和数据描述都不一样，就形成了信息孤岛。如果要实现各业务系统间的数据共享，就必须要建立起一个统一的、标准化的数据标准。如果没有统一的数据标准作为基础，那么各个系统之间就不可能实现真正意义上的数据共享与协作。因此，在养殖场信息化建设过程中，建立起统一的、标准的数据标准是十分必要的。

（三）数据关联不强

在奶牛养殖领域，也存在数据孤岛的问题，这是因为数据之间的关联关系不强，很多数据重复会导致养殖场决策分析上出现误差，不利于养殖场的发展。对于这些问题，可以通过建立统一的数据库、剔除重复数据。将不同的应用系统中的数据进行关联，使得各种业务系统中的数据在统一的数据库中进行存储和使用，有效避免数据孤岛和信息孤岛现象。

（四）缺乏有效的数据治理体系

在奶牛养殖领域，只有建立起有效的数据治理体系才能从根本上解决信息孤岛问题。但目前养殖场中缺乏相应的能力建设和管理机制，导致很多奶牛养殖场存在着不同程度的数据治理问题。

（五）缺乏统一的规划与实施框架

在奶牛养殖领域，对自身信息化建设缺乏统一规划和实施框架，导致在实施过程中不知道该如何实施和推进信息化建设工作。

二、数据分析与智能决策

在数字化转型过程中，数据分析、智能决策是实现业务发展的主要途径之一。数据分析指利用数据技术对现有数据进行汇总、整理、处理，从数据中获取和挖掘有用的信息，并根据这些信息为业务发展提供数据支持，依赖数据分析指导决策。在对数据进行分析过程中，常用的工具包括 Excel、SQL 等，而随着大数据技术的不断发展，很多新型的工具开始被企业所应用，其中最常见的是机器学习算法。机器学习算法是一种模拟人类思维过程并利用计算机对海量数据进行处理、分析和决策的方法，主要包括监督学习和无监督学习。监督学习是通过人工标注数据集来完成对学习模型训练，并用该模型进行预测；无监督学习是通过无标签或者少标签的数据集来训练模型，以获取对新事物的描述能力。在机器学习算法中，监督学习算法

第二章 数智化技术概况

是最常用、应用最广泛的机器学习算法。

在大数据背景下，如何有效地利用和管理大数据已成为奶牛养殖场实施精细化管理过程中面临的主要问题之一。大数据可以为奶牛养殖场提供海量数据资源，为奶牛养殖场实施精细化管理提供数据支持。大数据除了具有海量数据以外还具有多样性、动态性和高冗余性等特点，在对这些特性进行有效利用时需要借助于智能化技术。同时，在奶牛养殖生产管理过程中存在着大量的数据，数据的有效分析和应用是影响奶牛养殖综合效益的关键。因此如何利用大数据技术实现对海量数据的有效处理和分析是很多奶牛养殖场面临的问题之一。因此，智能技术和人工智能逐渐成为提升大数据处理和分析效率的重要手段之一。

在智能化技术的支持下，可以实现对数据进行有效处理和分析，从而帮助奶牛养殖场实现对生产管理的技术支持。通过智能技术可以将大量数据进行汇总、整理、处理和分析。在对数据进行汇总和整理的过程中需要借助（Excel、SQL 等）先进的技术工具；在对数据进行整理和分析的过程中需要借助计算机等智能设备，利用大数据技术对数据进行处理和统计分析，帮助奶牛养殖场实现对生产管理的正确决策。同时，通过大数据分析得出更加准确、可靠的结论，大数据分析后可为奶牛养殖生产管理提供决策性参考；通过数据挖掘算法可以为生产管理提供更加准确、可靠的建议、预测；通过机器学习算法可以为生产管理提供更加准确、可靠的建议。

三、数字化感知和智能化决策研究现状

（一）数字化感知

数字化感知是一种全新的信息获取方式，以计算机技术、通信技术为基础，以用户需求和感知数据为导向，将各种类型的传感器或终端设备作为用户终端与信息资源进行交互，实现对信息的采集、分析和处理的一种信息获取方式。是将信息转化为数字格式的过程，它包括将传统的文字、图片、声音和视频等信息，利用数字技术进行编码，以便在计算机和网络中存储和处理。

在奶牛养殖领域中，应用传感器技术、计算机技术和网络技术对奶牛进行数字化感知是实现奶牛精准养殖、提高生产效率的重要途径。由于数字化感知系统的复杂性，在实际应用过程中仍存在一些问题。首先，目前研究人员对传感器技术的研究更多的是对单个传感器本身的研究，缺乏对不同传感器组合时奶牛个体间行为差异的研究，导致这些传感器不能很好地反映奶牛个体间的行为差异，从而导致获取的数据存在偏差；其次，不同生产基地所使用的传感器种类以及参数设置不一致，使得采集的数据不具有可比性；最后，奶牛个体之间存在差异性，也使得采集到的数据存在一定差异。

（二）智能化决策

目前，国内对于智能决策的研究主要集中在理论建模、算法设计以及系统实现等方面，已经取得了较为显著的研究成果，

但是在奶牛养殖实践应用中仍存在着一定的问题。

首先,从理论方面来看,智能决策的研究内容主要包括基础知识、决策模型和智能决策方法三个部分,其中基础知识部分主要涉及人工智能领域中的知识表示、推理机制等方面;决策模型部分则主要包括了决策树、决策树神经网络以及基于规则的推理等模型;而智能决策方法则主要包括了基于规则的推理、基于机器学习的推理以及基于大数据分析的推理等方法。

其次,从算法设计来看,智能决策算法主要是通过数据驱动方法来进行决策,而基于规则的推理则是通过将知识转化为规则来实现对决策问题的解决。

最后,从系统实现方面来看,智能决策系统主要是通过大数据分析等方法对相关信息、数据进行收集、存储和处理,并通过挖掘数据中蕴含的规律来对奶牛养殖现状进行分析评价,并对未来发展做出预测,同时基于这些分析评价和预测结果来辅助奶牛养殖场进行改进和完善饲养生理及资源配置等。

第二节　数智化技术研究的目的与意义

数智化,是数字化与智能化的深度融合,是当前社会发展的一个重要趋势,利用数字化和智能化技术来推动各个领域的转型与升级,特别是在奶牛养殖和奶牛生产性能测定技术推广应用领域,它涉及利用数字化感知技术来提升智能化决策水平,从而实现更高效、更精准的决策和服务。数智化研究的目的和意义可以从以下几个方面来理解。

一、提高效率与生产力

1. 自动化与智能化

通过引入自动化和智能化技术，减少人工干预，可以优化工作流程，降低人力成本，提高工作效率。这种优化不仅体现在内部管理，也能有效提升客户服务体验。例如，在奶牛养殖和奶牛生产性能测定技术推广应用领域，信息化采样、精准饲喂和自动化机械化作业可以显著提升作业效率。

2. 资源优化配置

利用数据分析和智能决策工具，优化资源配置，减少浪费，提高生产力。

二、促进可持续发展

1. 环境保护

数智化技术可以帮助监测和管理资源使用，减少对环境的影响。例如，奶牛精准营养与持续改进技术可以优化日粮配制，减少氮排放，降低环境污染，并为奶牛养殖节本增效提供技术支持。

2. 可持续管理

通过数据驱动的决策，推动奶牛养殖和奶牛生产性能测定技术推广应用向可持续发展转型，实现经济、社会和环境的协调发展。

三、增强竞争力

1. 技术创新

数智化研究推动新技术的开发与应用，增强奶牛养殖和奶牛生产性能测定技术推广应用的创新能力和市场竞争力，通过技术创新实现节本增效。

2. 市场响应能力

通过数据分析和智能决策，奶牛养殖和奶牛生产性能测定技术推广应用能够更快速地响应市场变化，满足生产管理需求，从而提升市场竞争力，更好地服务于奶牛养殖。

四、提升决策水平

1. 数据驱动决策

数智化技术通过数据的收集与分析，实时数据监测和预警提示，支持科学决策，减少决策的不确定性和风险。

2. 智能决策支持系统

利用人工智能和机器学习技术，构建智能决策支持系统，帮助管理者做出更加精准的决策。

五、促进社会进步与经济发展

1. 推动产业升级

数智化研究有助于推动奶牛养殖场的转型升级，促进新兴产业的发展，推动经济结构优化。

2. 改善社会服务

在奶牛生产性能测定技术推广应用中，数智化技术的应用可以提升服务的效率和质量，提高奶牛生产性能测定报告利用率。

六、培养专业人才

1. 人才培养

随着数智化技术的普及，对专业人才的需求不断增加。研究如何培养具备数智化技能的人才，推动相关教育和培训的发展。

2. 跨学科合作

数智化研究通常需要多学科的知识和技能，促进不同领域之间的合作与交流，推动综合性人才的培养。

数智化研究是一个跨学科的领域，涉及计算机科学、数据科学、奶牛生产、性能测定等多个学科，数智化研究不仅是技术发展的需求，更是经济社会转型与发展的必然趋势。通过数智化技术的应用，可以实现更高效的生产、可持续的发展、智能化的决策以及更好的社会服务，推动整体社会的进步与繁荣。

第三节　奶业数智化技术研究现状

数智化转型促进奶业高质量发展。在当前快速发展和变化的商业环境条件下，数字化转型已成为企业获取竞争优势、实现持续增长的关键途径。特别是对传统的奶牛养殖企业而言，

第二章 数智化技术概况

数字化转型不仅是一场技术变革,更是一种思维方式的转变。在奶业转型发展过程中,涌现出人工智能服务管理场景工厂、乳制品智慧化实验室建设研究与应用、伊起牛智慧牧业生态系统等数智化发展成果。从牧草种植、奶牛养殖到乳制品加工、储存、运输等全流程的数智化监管,不仅提高了奶制品的质量和安全性,还通过数据分析和优化,提升了供应链的效率和响应速度。本节对奶牛养殖和奶牛生产性能测定数智化应用研究现状进行阐述,主要包括奶产业大数据、智能奶牛饲养、奶牛生产管理系统、乳品质量安全检测系统及其他数字化应用等。当前,奶产业数智化仍处于起步阶段,数字技术与产业融合的程度还不够深入。未来随着奶业数字化进程的推进,将有更多的技术应用于奶业数智化中,通过智能化设备和大数据分析,可以实现更精准的奶业生产管理。因此,我们应立足国情和发展实际,借鉴国外先进经验,推进奶业数智化进程。

一、奶业大数据

奶业大数据主要是指奶牛饲养过程中产生的数据,包括奶牛生产性能指标、健康、繁殖、牛奶品质、环境及管理信息等。奶业大数据与生产密切相关,是发展奶业数智化的重要基础。

近年来,我国奶业大数据应用研究取得了一定进展。张莉等的研究从奶牛养殖大数据的角度出发,通过深入分析影响奶牛业发展的关键因素,提出了一套基于专家经验的奶牛养殖大数据分析方法。这种方法可能涉及利用现代信息技术,如物联网、大数据分析和人工智能等,来提升奶牛养殖业的智能化水平,实现精准饲喂、健康监测、繁殖管理以及环境调控等关键生产场景的优化。在技术应用方面，数字化技术与设施在奶牛养殖中的应用，如智能设备和信息化管理系统，正在推动传统奶业的快速转型和升级。这些技术的应用不仅提高了饲养管理的效率，还实现了对奶牛生长情况的实时监测和数据记录，从而最大程度地提高奶牛的生产性能。

徐正阳等的研究涉及了奶牛养殖的多个重要方面，包括环境监控、疾病预警、生产性能测定以及乳制品质量安全分析。这些研究领域对于提升奶牛养殖业的整体水平至关重要。

（一）环境监控

研究者们可能开发了基于无线传感器网络的系统，这些系统能够实时监测奶牛圈舍内的温湿度、光照强度、风速以及有害气体浓度等环境条件，从而实现对养殖环境的监测与动态调控。这样的系统有助于改善奶牛的生活环境，减少因环境变化引起的疾病，提高养殖效率和产奶量。

疾病预警系统则可能利用数据分析技术，通过对奶牛行为和生理数据的监测，提前发现疾病迹象，从而及时采取措施，减少疾病对奶牛健康和生产性能的影响。

生产性能测定则是通过收集和分析奶牛的生产数据，如产奶量、乳成分等，来评估奶牛的生产效率和遗传潜力。这些数据对于指导牛场的健康管理、日粮配方改进、遗传改良和育种水平提升具有重要意义。

乳制品质量安全分析则关注于生鲜乳生产和乳品生产过程中可能影响乳及乳制品质量安全因素，研究如何控制和管理这些因素，以确保最终产品的质量和安全。

这些研究的综合应用，有助于构建一个全面的智慧奶牛养殖系统，实现从数据分析到数据应用的转变，从而推动奶牛养殖业向更高效、环保和可持续的方向发展。

李杰等的研究通过构建奶牛生产性能评估模型，利用深度学习算法实现了奶牛场精准饲喂和生产性能的预测。这项研究包括了以下几个方面。

1. 环境监控

通过物联网技术，实时监测奶牛场的环境参数，如温度、湿度等，以确保奶牛生活在适宜的环境中。

2. 疾病预警

利用机器学习算法分析奶牛的行为和生理数据，提前发现疾病迹象，及时采取措施。

3. 生产性能测定

收集和分析奶牛的生产数据，如产奶量、乳成分等，以评估奶牛的生产效率和遗传潜力。

4. 乳制品质量安全分析

研究如何控制和管理影响乳及乳制品安全及质量的因素，确保产品质量。

深度学习算法在这一过程中起到了关键作用，它可以通过分析大量的历史数据来预测奶牛的生产性能，包括产奶量和乳成分等指标。这些预测模型可以帮助奶牛场主做出更精准的饲喂决策，优化饲料配比，提高奶牛的生产性能。

此外，精准饲喂系统能够根据每头奶牛的具体情况（如体重、年龄、健康状况等）来调整饲喂量和饲料成分，从而提高饲料转化率和奶牛的整体健康水平。

这些研究成果的应用有望推动奶牛养殖业向更高效、环保和可持续的方向发展。通过智能化管理和优化，智慧奶牛场能够提高生产效率和质量,为牛奶产业的可持续发展提供支持。

(二)数据采集

奶牛养殖大数据主要包括奶牛个体信息、牧场环境、健康状况和饲料营养等方面的数据。李杰等的研究通过云计算和大数据技术对奶牛个体信息进行采集,并建立了奶牛养殖大数据平台,这标志着奶牛养殖业向数字化、智能化方向迈进。董秀新等的研究利用物联网技术对奶牛群体的健康状况进行监测,实现了奶牛群体健康状况的实时监控与预警。这种监测系统通常集成了多种传感器,能够实时收集和分析奶牛的行为和生理数据,如体温、脉搏、血氧饱和度、反刍活动等关键指标。通过这些数据,系统能够及时发现奶牛的异常行为和健康问题,并向养殖者发出预警,以便采取相应的干预措施。

1. 奶牛个体信息采集

在奶牛个体信息的采集方面,基于计算机视觉技术的智能识别系统可以有效实现奶牛个体特征的自动识别,是奶牛养殖大数据采集的重要手段。当前,基于计算机视觉技术的奶牛个体识别系统主要有两类,即图像处理软件和图像识别算法。在图像处理软件方面,主要有基于机器视觉算法的智能识别系统和基于深度学习算法的智能识别系统。在图像识别算法方面,目前主要有两种:一种是基于卷积神经网络算法,另一种是基于深度卷积神经网络算法。随着计算机视觉技术的不断发展,基于机器视觉技术的奶牛个体特征自动识别系统也取得了一定进展。例如,张伟伟等利用机器视觉技术对奶牛个体进行了自动分类和识别。

第二章　数智化技术概况

2. 牧场环境监测

牧场环境监测是指对牧场内环境的温度、湿度、光照强度、CO_2 浓度及有害气体浓度等指标进行监测。奶牛养殖场中的温湿度等环境信息直接影响奶牛的健康，因此对奶牛养殖场内的温湿度等环境信息进行实时监测是必不可少的。李杰等通过搭建物联网平台对牧场环境进行监测，利用机器学习算法实现了对牧场温湿度、有害气体浓度和光照强度的实时监测。董秀新等利用物联网技术对奶牛养殖数据进行实时采集，并将采集数据存储在物联网平台上，实现了对牧场环境状态的实时监测、预警及监控。刘爱华等采用计算机视觉技术实现了对牧场内温湿度和光照强度等环境参数的实时监测。研究表明，使用计算机视觉技术能够有效提高奶牛养殖场内环境监测的效率。

（1）物联网

物联网是一种由多种感知设备和互联网相结合而成的庞大的网络，它利用各种类型的信息传感设备，如无线射频识别（RFID），红外传感器，全球定位系统，激光扫描仪等，根据特定的协议，将任意物体与互联网相连，实现信息的交流和传递，从而达到智能识别、定位、追踪、监测和管理的目的。当前，物联网技术已在农业生产中得到了广泛应用，在畜牧业的环境监控方面发挥了积极作用。李杰等利用 ZigBee 技术构建了奶牛养殖物联网平台，通过对采集到的环境数据进行分析，能够有效实现对牧场温度、湿度等环境信息的监测与预警。

（2）计算机视觉技术

计算机视觉技术是一种新兴的研究领域，其主要目的是研究如何对图像中的目标进行检测、识别和分割。在奶牛养殖领域，计算机视觉技术可用于分析奶牛的身体状况、泌乳量及产奶量，从而对奶牛进行精细化管理。该技术最早于20世纪80年代开始出现，但一直处于发展的初级阶段，直到90年代中期才逐渐被应用到牧场中。在牧场中，计算机视觉技术主要用于对牧场环境参数进行监测，其监测方法主要包括图像分割、图像识别和图像分类等。目前，计算机视觉技术在奶牛养殖中的应用主要集中在图像分割上。王泽生等利用基于YOLO的图像分割算法实现了对奶牛体表信息和腹部信息的识别。在此基础上，刘爱华等将计算机视觉技术应用于奶牛环境监测中。

（3）人工智能

人工智能技术在牧场中的应用主要是对奶牛的健康状态进行监测，并根据监测结果提出预警或采取措施。董秀新等对奶牛健康状态监测技术进行研究，提出了利用机器学习算法对奶牛健康状态进行识别的方法。李杰等利用深度学习算法实现了对奶牛泌乳阶段、分娩阶段及哺乳期的识别，识别精度为91.5%。另外，通过人工智能技术，能够实现对奶牛养殖环境状态的实时监测。Wang等利用深度学习算法对奶牛疾病进行诊断，对诊断结果进行可视化展示，并利用可视化界面对奶牛疾病进行实时监控。陈红波等利用计算机视觉技术实现了对牧场环境参数的实时监测，并利用监测数据对牧场的疾病预警进行了分析。

3. 奶牛健康状况监测

奶牛是复杂的动物群体，不同健康状况的奶牛，其身体特征、生理指标等都会有较大差异。因此，如何科学、准确地诊断和预测奶牛健康状况是亟待解决的问题。目前，利用机器学习算法对奶牛健康状况进行监测是最为常用的方法。

(三)数据分析

刘爱华等基于数据挖掘和深度学习算法实现了奶牛场环境监测、奶牛健康状况监测和乳制品质量安全预测等方面的应用。郭艳华等通过构建物联网大数据平台对牧场环境进行监测,实现了对牧场环境状态的实时监测、预警及监控。张金成等的研究团队通过物联网技术和计算机视觉技术,成功设计并实现了奶牛场环境监测与预警系统。这一系统能够对奶牛场内的关键环境参数进行实时监测,包括温度、湿度、光照度、风速和氨气浓度等,从而确保奶牛生活在一个适宜的环境中。物联网技术的应用使得数据可以远程实时收集,而计算机视觉技术则通过分析视频图像来监测奶牛的行为和生理状况,如反刍、躺卧、行走等,这些行为数据对于评估奶牛的健康状况至关重要。张金成等的研究为奶牛养殖业提供了一个高效、智能的监测和预警解决方案,有助于提高养殖效率、保障奶牛健康,并确保乳制品的安全。这些研究成果的应用,不仅能够提升奶牛养殖业的管理水平,还能够促进行业的可持续发展。

(四)数据应用

李杰等利用机器学习算法建立了奶产业大数据模型并将其应用于奶业生产中,该模型通过对牛奶品质的预测有效降低了牛奶生产成本、提升了牛奶品质;通过构建深度学习模型对乳品质量安全进行预测和预警,并将其应用于奶产品质量安全监督检查中。王艳辉等利用深度学习模型对奶产品质量进行预测和预警,实现了对乳品质量安全的快速评估和预警。

近年来,随着物联网技术的发展和应用,利用物联网技术对奶牛健康状况进行监测也得到了广泛应用。李杰等构建了基于物联网技术的奶牛健康监测系统，该系统可以通过互联网远程获取奶牛的生理数据、行为数据和环境数据等信息，对采集到的数据进行处理后建立了奶牛生理指标与行为指标之间的关系模型，该模型可以较好地反映奶牛生理指标与行为指标之间的关系。此外，董秀新等基于物联网技术开发了一套基于深度学习的奶牛健康监测系统，该系统可以对不同疾病状态下的奶牛进行实时监测与诊断。

除了利用物联网技术对奶牛健康状况进行监测外，张金成等利用互联网技术建立了一套基于互联网平台的奶牛健康监测系统，该系统可以对奶牛场中所有奶牛的健康状况进行实时监测和预警。刘爱华等利用计算机视觉技术对奶牛场内所有牛只进行识别和跟踪，并利用深度学习技术对牛只进行分类识别。董秀新等利用云计算技术建立了基于大数据的奶牛场健康监测平台，该平台可以对奶牛场所有牛只进行实时监测、诊断与预警。该系统可以对奶牛健康状况进行实时监测与诊断，并通过预警提示和短信形式将预警信息发送给管理者。

二、智能奶牛饲养

在"智慧牧场"中，利用人工智能、物联网等技术，可以提升养殖精准性，规避养殖风险，实现养殖效率的全面提升。智能奶牛饲养是一个综合性的现代化养殖模式，它通过集成多种先进技术，如物联网、大数据分析、人工智能等，对奶牛养殖过程进行科学化管理和优化。这种模式能够提高生产效率、降低成本，并确保奶牛的健康和福祉。

在智能奶牛饲养系统中，关键技术包括如下几方面。

1. 智能标识与监测

利用传感器和物联网技术，为每头奶牛创建独特的身份标识，实时监测其健康状况、行为习惯及环境因素，实现个性化管理和关怀。

2. 智能化清洁与环境控制

通过人工智能技术和机器学习算法，实现奶牛场设备的自动化清洁和环境卫生管理，提高清洁效率和效果，同时通过智能温控和喷淋系统为奶牛创造舒适的生活空间。

3. 智能数据分析

大数据技术的应用使得奶牛场能够优化生产计划和运营策略，通过实时监测生产过程中的问题，提高奶牛场的稳定性和生产率。

4. 智能饲喂系统

根据奶牛的生长情况和饮食需求，精确投放饲料，避免过度或不足喂食，提高饲养效率。

5. 自动化挤奶设备

如转盘式挤奶设备和全自动化挤奶机器人，实现了挤奶无人化标准化操作，提高挤奶效率和牛奶品质。

6. 健康监测与管理

通过智能化设备实时监测奶牛的健康状况，并进行预警和管理，如智能电子耳标和项圈可以监测奶牛的体温、运动量等生理参数。

7. 疾病预警系统

利用人工智能技术和机器学习算法，对奶牛的健康状况进行实时监测和预警，及时发现异常并发出警报。

8. 数字孪生系统

通过在虚拟空间建立奶牛场的数字图像，实施数据驱动、实时反馈、模拟推演和智能控制，优化养殖管理。

智能奶牛饲养的实施，不仅提高了奶牛养殖业的管理效率和生产质量，还为行业的可持续发展提供了支持。随着技术的不断创新，智能奶牛饲养将继续推动养牛业向更高水平发展。

三、饲喂管理

在奶牛场的饲料管理系统中，最常用的是饲喂记录系统。该系统可以对奶牛每次的采食情况进行记录，并在该数据基础上生成饲料干物质、粗蛋白、粗脂肪、淀粉、能量等数据，从而对饲料营养状况进行监控，并根据奶牛采食情况自动调整饲料配方。饲喂记录系统还可以根据奶牛的采食情况，自动调节饲喂量，以满足奶牛的营养需求。饲喂记录系统在我国已经有不少成功案例。如一牧云提供的精准饲喂管理系统（DFeed）是一牧科技为提升奶牛养殖业效率而设计的重要工具，该系统通过与牧场的 TMR（全混合日粮）设备连接，实现了精准化配料、投喂、剩料管理和库存管理，从而科学有效地控制了饲料成本。通过配料误差分析和投喂误差分析，指导管理者提升操控精准度和工作效率，确保配料、投喂准确率达 95% 以上，显著减少了人工成本，提高工作效率，并提高了料转奶效率。此外，一牧云的数据智能分析决策系统能够辅助饲喂效果评估、饲料配方调整和优化库存管理等决策，进一步提升了经济效益和竞争力。郑州奇飞特电子科技有限公司研发的牛饲料转化率监测系统就是一个典型的饲料管理系统，该系统通过精准计量饲喂量，实现了对奶牛采食情况的实时监测和饲料转化率测定。

四、奶牛生产管理系统

奶牛生产管理系统是基于物联网的奶牛饲养管理系统，是对奶牛健康、福利、生活环境和饲料饲喂进行实时监控，提高奶牛饲养管理水平和生产效率的一种信息化管理系统。目前，国外奶牛生产管理系统主要有美国 Longly 公司开发的 RoomOne 软件、英国 Dealogic 公司开发的 TwinningHuman 软件、澳大利亚 Increase 公司开发的 MindMaster 软件、荷兰 Nutricia 公司开发的 ProcessingManager 软件等。

我国奶牛生产管理系统起步较晚，但发展较快，目前已有多家企业推出了相关产品。如光明乳业研发的奶牛生产管理系统包括奶牛健康、环境监测、饲料饲喂等功能模块，可以实现奶牛个体信息及饲养环境等信息的采集与记录，并实时上传至牧场云平台进行监控和数据分析。一牧科技研发的新一代数智化牧场管理平台，让生产更高效，让决策更科学，通过对牧场信息的集成、分析和预测，可以对牧场各个生产阶段进行精准的管理，辅助完成个体管理、群体管理、繁殖管理、精准管理、健康管理、产奶管理等工作，极大地提升一线职工的工作效率和项目实施的效率。这些管理要素都以数据化、信息化记录、流转，全面的数据监控和预警机制，保障着每一头牛从出生、成长到产奶，都能在最适宜的环境中生长。一牧科技将大量沉淀的行业指标，例如牧场盈利能力、牛只健康管理、牛只繁殖管理分析以及牛只价值分析等牧场重点关注指标，通过 HENGSHI SENSE 的指标管理，用专业语法定义各项管理指标。

各项指标使用数据字段形成计算公式,可用于创建、修改和发布,基于这样的中心化管理,实现从数据到分析的分层解耦。一牧云系统让牧场实现了精准管理,对数据收集、数据资产化以及降低畜牧养殖业难度有非常重要的作用。一牧科技认为奶牛养殖业现阶段发展情况比较可观,存在提升牧场效率的需求,牧场的管理者愿意为了提升30%的效益而投入5%～10%的成本。牧场的运营效率还有很大提升空间,这给了一牧科技不断更新产品、拓展客户的信心。

奶牛生产管理系统是一种集成化的解决方案,它利用现代信息技术,如物联网、大数据分析、人工智能等,对奶牛养殖过程中的各个环节进行监控和管理,以提高养殖效率和牛奶质量。这种系统通常包含以下几个关键组成部分。

1. 饲养管理

系统能够根据奶牛的不同生长阶段和产奶量,自动调整饲料配方和投喂量,确保奶牛获得均衡的营养。

2. 健康监测

通过安装在奶牛身上的传感器,实时监测奶牛的体温、活动量等生理指标,及时发现健康问题并采取措施。

3. 繁殖管理

系统跟踪记录奶牛的发情周期、配种情况和妊娠状态,提高繁殖效率。

4. 挤奶管理

自动化挤奶设备与管理系统相连,记录每次挤奶的产量和质量,便于分析和改进挤奶流程。

5. 粪污处理

智能监控粪便的产生和处理,确保环境卫生,减少疾病传播风险。

6. 数据分析

收集的数据通过云平台进行存储和分析,帮助养殖者做出科学的管理决策。

7. 预警系统

基于数据分析,系统能够预测潜在的生产问题,如疾病暴发、繁殖障碍、应激管理、营养失衡等,并提前发出预警。

8. 追溯系统

记录奶牛的养殖、产奶、加工等全过程信息,实现产品追溯,提高消费者信任。

一牧科技帮助100万头奶牛实现了数据治理,提升了奶牛业的效率。《2024—2030年中国奶牛养殖行业市场竞争状况及发展趋向分析报告》提出了行业分析和市场预测,帮助企业做出战略规划和投资决策。此外,随着技术的进步,如卫星遥感和农业大数据平台的应用,奶牛养殖行业正在向数字化、智能化转型,提高了生产效率和产品质量,同时也为养殖者带来了更好的经济效益。

五、乳品质量安全检测系统

乳品质量安全检测系统用于乳品产品的品质检测,包括对生乳中的体细胞数、抗生素残留等进行检测,对加工过程中的蛋白质含量、乳糖含量等进行检测,以及对成品奶中三聚氰胺、黄曲霉毒素、沙门氏菌等有害物质含量进行检测。乳品质量安全检测系统主要包括两部分:一是用于原料乳的质量检测,二是用于加工过程中有害物质的快速检测。

目前，国内乳品质量安全检测系统主要有：乳制品在线智能监测系统、乳制品质量安全控制与管理系统、乳品生产企业安全信息管理系统等。系统能够及时准确地对原料奶的质量进行监控，实现原料奶质量与产量的自动控制，提高乳制品生产效率，保证乳品质量。

1. 原料乳质量检测

原料乳是生产乳制品的第一道工序，原料乳的质量直接影响乳制品的质量。目前，国内原料乳检测方法主要有人工抽检、仪器检测和自动检测3种方式。人工抽检需要耗费大量人力和物力，效率低下；仪器检测方法无法实时、准确地反映原料乳的质量；自动检测方法通过对原料乳进行预处理，再通过数据处理和分析得出结论，这种方法适用于大型乳制品企业和奶牛养殖合作社，能够及时掌握原料乳的质量情况。

2. 加工过程中有害物质快速检测

三聚氰胺、黄曲霉毒素 B_1（AFB_1）是危害婴幼儿健康的主要食品添加剂，也是近年来威胁中国奶业发展的主要食品安全问题。目前，国内采用的快速检测方法主要有：原子吸收光谱法（AAS）、气相色谱法（GC）、高效液相色谱法（HPLC）、气相色谱－质谱法（GC-MS）。

原子吸收光谱法是一种常用的快速检测方法，由于样品前处理复杂、需要一定的专业知识和仪器设备，检测时间长、成本高。HPLC 和 GC-MS 则是目前应用较广的两种快速检测方法。其中，HPLC 可用于食品中三聚氰胺、黄曲霉毒素 B_1、苯并芘等有害物质的快速检测，GC-MS 可用于乳制品中三聚氰胺的快速检测。HPLC 和 GC-MS 操作简便，结果准确，但其检测结果受样品前处理影响大，成本高；GC-MS 具有高灵敏度和高选择性，但其检测时间长。近年来，GC-MS 发展迅速，以其为代表的非侵入式方法已经成为快速检测牛奶中三聚氰胺、黄曲霉毒素 B_1、苯并芘等有害物质的有效手段。近年来，GC-MS 在乳品加工过程中有害物质快速检测领域得到了广泛应用。其中，GC-MS 技术多用于黄曲霉毒素 B_1 的快速检测。

六、其他数字化应用

随着数字技术在农业领域的不断深入应用，将带动一批新技术、新产品和新模式不断涌现。如物联网、移动互联等将推动农业生产管理逐步实现数字化、自动化和智能化；卫星定位、遥感等技术将实现对农业生产的精细化管理；基于云计算的大数据分析与管理系统可为政府决策提供支持等。目前，物联网技术在畜牧养殖中已得到广泛应用，通过在牛舍、牧场和运输车辆上部署传感器，可对牛只健康状况、饲料消耗状况、产奶量和体重进行实时监控，进而实现对饲养成本的有效控制；基于物联网的移动互联技术可实现动物定位与追踪，为兽医远程诊断提供支持。当前我国奶业数字化应用中，还有很多难点需要突破。如数据采集及处理方面，存在数据质量差、采集成本高等问题；数据标准和数据规范方面，仍存在缺乏统一的标准和规范等问题。

第三章　奶牛生产性能测定概述

奶牛生产性能测定是当前国际上广泛采用的一种对奶牛进行精细化管理的一种科学管理技术，它是引导并支撑我国奶业转型升级的重要举措，也是促进奶牛养殖技术进步、管理水平提高的一种有效途径，是从分散养殖向规模养殖、从数量扩张型向质量效益型过渡的一种新的发展趋势，也是目前国际上许多发达国家普遍采用的一种综合性技术措施，英文缩写DHI。通过对奶牛生产性能测定和基础数据的分析，掌握当前奶牛群体和个体奶牛的产乳水平、乳成分、体细胞等指标，对奶牛乳腺健康、营养及繁育等问题进行早期预警，发现奶牛生产管理、营养及育种中出现的问题，并针对性地提出改善对策，为牛场的饲养、育种、管理及疾病防控提供科学依据，使奶牛的高产稳产潜能最大化，提高奶牛的产奶量和鲜奶品质，从而提升奶牛的经济效益。本项目的实施，将为我国奶牛育种工作的开展奠定坚实的理论基础，也将为我国奶业的科研工作提供可靠的依据。被业界认可为最科学、最高效的养牛场管理手段，并被全球公认为"牛群改良唯一有效方法"。它是评价奶牛饲养质量的重要指标，可为奶牛精准饲喂提供依据。

第三章 奶牛生产性能测定概述

第一节 奶牛生产性能测定的意义

奶牛生产性能测定与遗传改良紧密联系，为种公牛育种值估计提供必需的基础数据，也是青年公牛后裔测定工作的基础。开展奶牛生产性能测定不仅可以从整体上掌握奶牛群体的生产水平和生产性能，为育种工作提供可靠的信息资料，而且通过测定还可以了解奶农的饲养管理水平、牛群结构和营养状况等。同时，通过对个体奶牛进行生产性能测定可以了解个体生产水平和生产性能的差异性，从而有针对性地进行个体的选种选配和管理。此外，通过对牛群整体的生产性能测定还可以了解牛群结构变化、营养变化、疾病流行情况等，为制定合理的饲养管理方案提供科学依据。

一、为育种工作提供可靠的信息资料

育种工作是奶牛生产的核心，育种计划和育种目标的制定都要以测定的数据为基础，通过测定可以掌握牛群的生产水平和生产性能，从而为制定育种计划和育种目标提供可靠的信息资料。牛群生产性能测定是一个庞大而复杂的工作，需要专业技术人员对牛群进行长期、细致的观察和记录。首先，需要对测定奶牛进行分组、编号，以保证每个组内所有奶牛都能被准确地标识出来。其次，需要将每次测定数据录入电脑并进行统计分析，以便了解牛群结构、饲料消耗等情况，以及产奶量、乳脂率、乳蛋白率、乳蛋白/乳糖、体细胞数等相关经济指标。

最后，需要定期对测定数据进行汇总并统计分析，形成个体生产性能评估报告。

生产性能高、产奶性状好以及产奶量高的个体通常被认为是高产奶牛，可以考虑作为选种选配的目标个体。在实际生产中，往往会出现这类个体被当作低产奶牛进行选种选配或淘汰等情况，因此需要通过生产性能测定了解个体生产性能之间的关系，从而选择具有较高生产性能和产奶性状好的个体作为选种选配对象。

二、为饲养管理提供依据

对奶牛进行生产性能测定可以通过对个体的测定结果和群体的测定结果来判断牛群整体生产水平的高低。通过测定可以了解奶牛养殖场的饲养管理水平和牛群结构，从而制定合理的饲养管理方案，以达到提高生产性能的目的。

1. 对个体生产性能的测定可以反映个体实际生产水平，可以为个体选种选配提供依据

在育种工作中，必须通过大量数据分析和遗传评估来确定品种间的差异性，这就要求在选育过程中必须了解个体在群体中的生产水平和生产性能。由于不同个体之间存在差异，因此我们无法用一种方法来预测所有个体的生产性能。但通过测定可以获得个体不同生长阶段的生长发育情况、生理状态、泌乳阶段和体况等信息，从而为饲养管理提供科学依据。

2. 对群体生产性能的测定可以判断群体结构是否合理

根据奶牛生产性能测定结果，我们可以知道牛群中有多少头牛是高产奶牛，有多少头牛是低产奶牛；根据各阶段奶牛所占比例来判断牛群结构是否合理。如奶业行情低迷时，可以适当压缩后备牛比例，增加成母牛比例，并淘汰低产无效益牛只，保持现金流，渡过难关才有希望实现盈利。

3. 通过对乳成分的测定可以为营养调控提供依据

依据 DHI 分析报告，可清楚地了解奶牛的营养状况、奶牛体况及饲料组成是否合理等。利用 DHI 数据分析泌乳持续力反映了奶牛泌乳持续的能力，产奶量提高阶段持续力＞100，减少阶段＜100，反映奶牛在泌乳高峰后产奶表现是否正常；泌乳持续力＞正常值，预示上一阶段奶牛的生产性能可能未充分发挥，上一阶段的日粮营养不平衡或采食量不足；泌乳持续力＜正常值，预示当前日粮营养可能不满足奶牛泌乳需要，或者存在乳房受病原菌感染、挤奶操作、挤奶设备等其他方面的问题。乳成分浓度变化在一定程度上反映出奶牛的营养状况和代谢变化，进一步反映奶牛干物质采食情况及主要营养物质摄入量是否充足，可指导优化奶牛日粮配方设计与制作。通常，荷斯坦奶牛的脂蛋白比为 1.12～1.36，反映奶牛日粮可能添加了脂肪，或者日粮中 RDP/RUP 不平衡；＜1.12，反映奶牛日粮可能淀粉太多或缺乏物理有效纤维。MUN 能准确反映出奶牛日粮能氮平衡情况和蛋白质代谢的有效性，应根据 MUN 的高低优化日粮配制，保持能氮平衡，提高饲料蛋白消化利用效率，降低饲养成本。

奶牛机体任何生理应激或病变不适都会首先以降低产奶量的形式表现出来，由于生产性能测定每月定期监测并记录奶牛个体生产性能表现，通过奶牛生产性能测定数据分析报告，一是掌握奶牛生产性能，分析和判断奶牛是否受到外界应激影响，根据产奶量、泌乳天数和体况，适时调群，控制体况，准确把控奶牛健康；二是通过监测乳成分的变化，监测奶牛是否发生酮病、瘤胃酸中毒等代谢病；三是通过监测体细胞数的变化，及早揭发乳房炎症等健康问题，我们可以清晰地知道牛群感染的状态，每月可以通过治愈牛只和新感染牛只来评价牧场乳房炎的防控情况，同时通过筛查长期存在高体细胞数的牛只进行病原菌检测，乳房发现传染性病菌进行淘汰或隔离处理，对整个乳房炎控制起着非常重要的作用，特别是为及时揭发隐性乳房炎及时制订防治计划提供数据支持，从而有效降低牛只淘汰率，减少治疗费用；四是通过测定乳中丙酮和 β-羟丁酸含量，预警奶牛酮病的发生发展情况，早发现、早治疗，并及时调整和加强干奶牛和围产牛的饲养管理，降低酮病发病率；五是通过数据分析，发现问题的根源，对症处理，如新产牛体细胞数高，可能不一定是乳房炎，卵巢囊肿、子宫内膜炎等繁殖疾病和炎症也会导致体细胞数升高，预示着产房卫生可能存在较大问题；如果有 10% 的牛脂蛋比 < 1∶1.12，预示着牛群存在瘤胃酸中毒，应及时治疗。生产性能测定可及时发现牛只的健康状况，及时治疗病患牛，大大提高牛群的健康状况、繁殖效率和生产性能，提高牛场的经济效益。

4. 对牛群进行生产性能测定可以为牧场管理提供依据

奶牛生产性能测定报告反映了牛只及牛群繁殖状况、产奶量、营养与饲养及奶牛健康等各方面的准确信息，管理人员和技术人员利用奶牛生产性能测定报告，能够科学有效地对牛只和牛群加强管理，改善奶牛健康状况，充分发挥牛群的生产性能，进而提高经济效益。

科学的管理需要准确、全面、系统地测量数据，科学的管理能够有效地提升奶牛的生产性能。通过奶牛生产性能测定，能够获取较为系统、完整的数据，并对这些数据进行分析，能够为牛场实施数字化精细化管理创造条件，从而使牧场从粗放式管理走向精细化管理。

三、为制订合理的饲养管理方案提供科学依据

通过对个体奶牛进行生产性能测定还可以了解不同年龄、胎次、胎次以上产奶量及乳成分等主要生产性能指标。

1. 测定产奶量

一般来说，在牛群中，不同牛之间的产奶量差异很大。因此，如果要了解奶牛一天中所产奶量，则需要在不同牛群间进行对比。此外，在牛群中不同年龄、胎次、胎次以上奶牛之间的产奶量差异也较大。因此，为了全面了解不同胎次、不同泌乳天数奶牛的产奶量情况，可以采用同期校正，以某一个月的泌乳天数和日产奶量为基础，按泌乳天数对其他月份产奶量进行校正，在同一泌乳天数标准下进行比较。一般情况，将年度第一个参测月作为基础月对其他月份进行校正，这样就得到了该月校正到基础月同期的产奶量理论值，如果该理论值＞该月实际日奶量，说明牛群生产水平在向好的方面发展，反之生产水平在下降。

2. 测定乳成分

乳成分是反映奶牛生产性能的重要指标之一。测定乳成分，可以获得以下信息。

（1）各种成分的含量和比例。乳中各种成分的含量和比例是由遗传、营养和环境等因素决定的，而这些因素是很难改变

的，只能通过测定来掌握。通过测定，可以了解乳脂、乳蛋白质、乳糖、全乳固体等各项指标的变化情况。

（2）乳中矿物元素主要由奶牛从饲料中吸收，通过测定乳中矿物元素含量，可以了解不同季节、不同胎次、不同年龄奶牛的矿物元素吸收情况。

第二节 国内外奶牛生产性能测定发展现状

一、国外奶牛生产性能测定发展现状

奶牛生产性能测定是因能显著提高奶牛个体及群体生产性能和经济效益被世界奶牛业发达国家普遍采用，如荷兰、美国、日本、加拿大、瑞典等，都较早地开展了奶牛生产性能测定。

早在1852年，荷兰就开始开展了奶牛生产性能测定工作，是世界上最早开展奶牛生产性能测定的国家。1883年，美国首次开始记录奶牛的产奶量，1923年首次开始测定乳脂率，此后，由于育种和生产管理工作的要求，逐步增加了乳蛋白含量、体细胞数和尿素氮含量等指标的检测。资料记载经历了人工记载和电脑记载，发展到现今的网络平台记载等。从1928年以来，DHI测定数据一直被用来对公牛进行遗传评估和科学研究。

1904年加拿大也开始产奶记录，由DHI测定机构对全国奶牛养殖场提供全方位的服务，以前的DHI数据中心为11个，目前已合并为2个。

美国、加拿大自1953年开始实施牛只遗传改良项目，以

提高奶牛养殖水平，促进奶牛养殖业的健康发展，并获得了显著的经济效益。以美国为例，在1953年，奶牛存栏2 169.10万头，牛奶产量5 453.2万t，平均产量2 524 kg；1967年，牛的数量降至1 340万头，头均产奶量提高至4 015 kg；2004年，奶牛存栏899万头，牛奶总产量为7 502万t，头均产奶量达到了8 512 kg，最高牛群头均产奶量达12 382 kg；2013年美国奶牛存栏922.1万头，牛奶总产量9 125.7万t，头均产奶量在10 t，其中最高的牛场头均产奶量在14 t以上，体细胞数小于3×10^5个/mL，微生物数量小于1×10^4 CFU/mL，淘汰率约为40%，牛奶的乳成分也在逐步改善。

（一）主要国家奶牛生产性能测定情况

世界各国都普遍采用DHI方案，参加生产性能测定的奶牛数量逐年增多。表中列举了国际动物记录组织（ICAR）公布的主要国家DHI测定的情况（表3-1）。

表3-1　参加奶牛生产性能测定主要国家情况（引自ICAR）

国别	奶牛头数	测定奶牛头数	测定牛群比例	奶牛群数量	测定牛群数量	测定牛群比例	测定牛群平均头数	产奶量（kg）
美国	9 221 000	4 378 350	47.48	46 960	19 030	40.5	230	9 898
加拿大	960 600	704 309	73.3	12 529	12 529	76.2	75.2	8 923
英国	667 005	491 266	73.7	4 062	4 130	—	164	9 110
荷兰	1 393 265	1 393 265	89.7	15 776	15 776	85.3	88.3	8 217
瑞典	346 363	280 930	84	4 742	3 511	76	76.1	8 389
挪威	238 702	192 807	98	9 831	7 960	98	24.2	7 435
德国	4 267 611	3 681 146	87.8	79 537	53 154	66.8	69.3	7 400

续表

国别	奶牛头数	测定奶牛头数	测定牛群比例	奶牛群数量	测定牛群数量	测定牛群比例	测定牛群平均头数	产奶量（kg）
法国	—	2 509 627	69	—	48 177	67	52.1	—
丹麦	573 000	527 000	92	3 600	3 200	89	156	8 550
韩国	246 429	152 107	61.7	5 830	3 285	56.3	46.3	—
新西兰	4 784 250	3 426 211	71.6	11 891	8 682	72.2	394	4 073

（二）国外奶牛生产性能测定组织体系

欧洲DHI实验室配备了足够的且自动化程度高的测定仪器，实验室质量体系完善，实验室运行情况良好，服务及时、周到，DHI测定为优秀种公牛选育、指导奶牛场生产作出了积极的贡献。

QLIP是位于荷兰的一家私人第三方检测机构，同时开展DHI测定工作，测定指标主要包括乳脂率、乳蛋白率、乳糖率、MUNicipal、乳酮、体细胞数等，并可针对奶农的需要开展其他试验，如沙门氏菌检测、妊娠试验等。测定的费用由奶农们自己承担。

德国奶业合作联盟（ADR）负责监管，下设德国奶业监督与控制委员会（LKV）、牛奶品质检测实验室（MQD）、数据分析中心（VIT）等组成，面向从事奶牛产品品质检测的企业。该公司拥有16个检验机构，并对所有的数据进行集中、统一的分析，并设有牛奶品质控制部门、中央实验室及数据分析部门。MQD主要用于牛、羊的生产性能测试，其主要指标有牛奶产量、牛奶成分（脂肪、蛋白质）及体细胞数量；通过微生物、乳成分、体细胞数、冰点、抗生素、物理特性等方面的质量检验，并向公众提供技术咨询、数据处理和个性化牛群管理（如动物健康、乳房健康管理、繁殖力测定、牛群遗传改良、企业经济效益分析及对策等）。因为测试结果可作为育种价值估算的依据，国家对测试实验室给予了一定的补助。VIT也是一个协会性质的组织，它是一个现代的数据处理中心，它由生产性能测定机构、登记组织、育种组织和配种组织四大部分构成。它是一个现代的数据处理中心，涵盖了农牧两个方面，其中有家畜识别登记信息，生产性能测定数据，展示拍卖信息，体型和乳房状态，配种和产犊数据，育种价值估算等。

北美也是开展DHI测定最早的地区之一，DHI组织和质量体系完善。目前加拿大奶牛生产性能测定实验室主要有Valacta实验室和加西集团DHI实验室，参加DHI登记的牛群达到75%，所需的服务费用均由奶农直接支付。

美国DHI项目是美国奶牛群体信息网领导下运行的49个实验室，5个数据处理中心对检测结果进行了详尽的分析，并向乳品企业提交了报告。威斯康星州DHI资料处理中心拥有13个DHI观测站，是美国最大的DHI资料处理中心，目前已有13个DHI观测站。DHI的运作模式是：奶牛场按照预定的时间向DHI实验室送样本，由DHI实验室完成测试，然后向DHI记录处理中心发送数据，然后将这些数据送到牛场，以便指导生产，或者向咨询顾问、兽医、营养师，以及动物改良项目实验室、育种协会、AI组织，以及国际公牛评估服务机构提供数据支持，见图3-1。

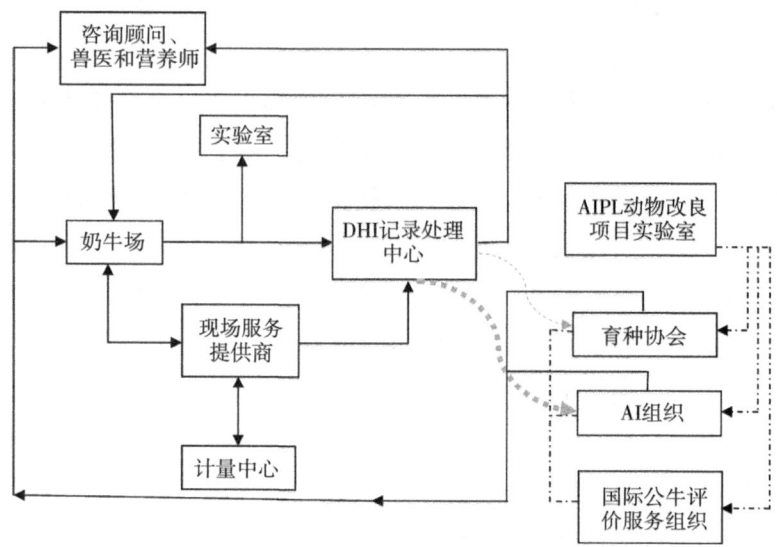

图 3-1　美国奶牛遗传改良概览图

（三）国外牛奶样品采集与牛群基础资料收集情况

因为欧洲各国的领土都很小，因此国内通常只有 1~2 个 DHI 中心。由来自全国各地的牛奶取样人员（隶属 DHI 实验室职员）定期上门取样，将采集到的牛奶样品用快递送达 DHI 检测中心，其他数据（如产奶量等）在奶牛场由计算机同步上传至 DHI 测定中心，实现高效、优质。DHI 测定中心的工作人员会对牛奶样品进行测定，根据奶牛场需要，制成各种制式的生产性能测定报告反馈给奶牛场，帮助提升奶牛场的管理水平，优化日粮配方设计，降低成本，提高经济效益。

荷兰实行电子信息化采样，采样瓶粘贴有 RFID 识别标签，可多次重复使用，采样所有牛只相关信息与样品瓶一一对应，采用全球定位系统跟踪样本，确保精确还原牛奶供应的关键数据。

为了应对一天3次取样的繁重工作，国外学者于80年代研究制定了一次取样与三次取样（全天混合取样）的修正系数，并对其进行了持续优化，形成了不同的采样方案。目前，美国、加拿大90%以上的牛场均采用一次采样方案配合AM-PM采样策略，在减轻工作量的同时，尽可能地确保数据的准确性，《ICAR操作指南》中给出了多种不同数据的校正方法，供不同国家和组织参照使用。

美国、加拿大、荷兰等国引入了现代化的自动化挤奶设备及管理体系，并通过对奶牛的发情进行远程监测，以及奶牛繁育信息化管理（美国DC305奶牛管理软件，以色列afifarm），使参测区奶牛数据的采集自动化水平较高，并且具有较高的有效性、可靠性、准确性。

2015年度国际牛奶组织（ICAR）关于全球乳脂生产状况的研究报告，涵盖了大部分ICAR设立的主要地区。调查表明，国外大部分产奶点都是使用测量间隔法（TIM）和标准乳曲线内插（ISLC）的泌乳期计算方法。选择7~10 d记录并计算一次产奶量的产奶测定站有43%，选择1~3 d的产奶测定站占25%，19%测定站为4 d，13%测定站为5 d。牛奶记录时间间隔为4周的最常见，其他常见的选择分别是5周、8周和6周。

主要有6种奶样采集方法，其中采用最多的是早中晚一天挤奶三次，根据牛场情况自行选择一次采样法（T）的采样测定机构占34%，按照权重采用比较重要的一次采集法（Z）的采样测定机构占21%，采用三次采集取平均法（E）的采样测定机构占19%，采用按三次泌乳权重采集法（P）的采样测定机构占17%，采用多次采样法（M）的采样测定机构占7%，仅有2%

的采样测定机构采用固定一次采集法（C）。取样过程中样品采集数量仅一个的产奶测定站占59%，30%的产奶测定站每次挤奶都会进行一次采样，仅有11%的产奶测定站则是所有情形下都会采集2个样品。

产奶记录方法有采样员记录，或养殖场（户）记录，也有两者结合三种记录形式。产奶测定过程中识别待测个体方法有：有/无条形码的永久可视塑料耳标、RFID耳标、金属耳标、烙号、RFID瘤胃标、剪耳号等，也有测定站采用场内接收器或freeze number进行动物个体识别。通过养殖场传感器可以监控并掌握排奶速度、活动量、体温、体况评分、体重、乳头位置、乳汁电导率、反刍情况等方面的内容。

（四）DHI认证体系

美国的DHI认证体系比较完善，由第三方质量认证服务公司组织实施DHI认证工作，对参与DHI工作的五类机构进行审核认证。

1. 现场服务体系审核

按照现场服务审核指南（程序）对提供现场服务的单位、会员进行审核认证，保证全国的奶牛遗传评估程序中所有记录（数据）的准确性和一致性。主要由现场服务供应商、现场技术人员、检测监督人员组成。

2. DHI实验室审核

DHI实验室每两年审核一次。每月发布一次盲样比对试验的报告。

3. 计量中心审核

美国十分重视计量审核和计量技师的培训。执行《计量中心和技师的审核指南》，采用 ICAR 和 DHIA 核准的测量设备，包括流量计、计量瓶和计量秤。计量技师培训主要培训如下内容：计量中心和技师审核程序，计量师程序、计量校准、便携式流量计维护与保养、计量校准指南（快速）、计量秤，流量计超过 ±3% 后就应维护或停止使用。

负责流量计的校准与认证的有 38 家计量中心。有 80 个技师负责对流量计、计量秤进行审核认证，计量技师必须通过考核，认证有效期 2 年。

4. 奶牛数据处理中心审核

数据处理中心咨询委员会由奶牛数据处理中心的成员构成，是 DHIA/QCSN 下设的机构，职责是按照数据处理中心审核程序，进行标准和数据的审核、审查，并给审核咨询委员会提出整改意见。

5. 设备的认证审核

审核批准的测量设备有三类：流量计、计量瓶和计量秤，这些设备需要经过计量鉴定。关于流量计，美国 DHIA 只承认 ICAR 批准的设备，只有这些工具可以用于牛群的记录程序。

（五）国外 DHI 实验室的测定项目与功能扩展

各国 DHI 实验室测定项目不完全相同。比如美国，有 49 家 DHI 实验室，除检测乳脂、乳蛋白、乳糖、体细胞等常规的项目外，其中有 31 个实验室还开展尿素氮检测，有 11 个实验室开展牛奶样品的 ELISA 检测，大部分实验室拥有 PCR 和微生物学检测服务，其中尿素氮检测、ELISA 检测、PCR 和微生物学检测服务都是收费项目。牛奶检测包括乳脂、乳蛋白、乳糖、体细胞、尿素氮、非脂固形物、总固形物；饲料产品检测包括青贮饲料、干草、秸秆类等。病原实验室主要用于确定乳房炎病原体，从而改进牛群的健康，减少费用，每头奶牛成本大大降低，包括金色葡萄球菌、链球菌、支原体、大肠杆菌。Lancaster DHIA（http://www.lancasterdhia.com）包括 DHIA 实验室、微生物实验室、PCR 实验室、牛奶妊娠检测实验室、饲料实验室，其中 PCR 实验室可以开展基于 DNA 乳房炎检测，采用实时定量 PCR 技术，对 15 种乳房炎的致病菌、葡萄球菌、β-内酰胺酶青霉素抗性基因进行定性定量的检测。

ELISA 检测主要是利用 DHI 采来的牛奶样品，用于检测奶牛副结核病（又称牛副结核性肠炎）。每月要发布奶牛副结核（MAP）ELISA 检测的未知样报告；另外也可以应用 ELISA 开展牛奶妊娠检测。大部分妊娠损失发生在怀孕早期，在配种后 35 d，就能检测奶牛妊娠相关的糖蛋白。牛奶 ELISA 妊娠检测，要比通过直肠触诊检查、超声波检测和血清检测等方法能更有效地确定妊娠时间。

（六）新技术研发及应用

美国积极研发应用 DHI 相关技术，如美国威斯康星-麦迪逊大学 DHI 实验室与威斯康星-麦迪逊大学动物科技学院联合研发 DHI 技术相关产品，开展体细胞与乳房炎动力学监测等，与康奈尔大学开展了新型 DHI 标准物质的研发。其他测定中心也和当地大学等科研机构联合研发，旨在提高 DHI 测定工作的效率和为牛场服务的水平。

DHI 实验室的推广部门不断深入牛场，调研牛场的需求及 DHI 测定各个工作环节需要进一步解决的问题，将问题提供给科研机构，由其进行研究，并获得能够解决实际问题的研究结果。根据奶牛场的需求，DHI 测定中心和研究机构研发出了牛群遗传分析、乳房健康分析和繁殖管理分析等多种类型的报告，并为牛场提供特制报告。

目前国外养殖人员采用自动监测系统主要监测产奶量、奶牛活动量、乳房炎、乳成分、站立产热、采食行为、体温、体重、反刍等方面，并且认为乳房炎、站立产热、产奶量、活动量、体温、采食行为、肢体残疾、反刍、肢体健康等对自动监控系统是有效的。牛奶测定样品还需要分析妊娠、酮类、乳房炎病原体、游离脂肪酸、疾病控制、红外光谱、不饱和脂肪酸、酪蛋白比例等新的项目。当前仅有少数产奶测定站正在使用在线分析仪的结果，而多数产奶测定站则表示对在线分析仪结果不感兴趣，随着工人从事数据传输工作的意愿逐渐下降，未来则更趋向于自动化和越来越多的可利用数据。

二、我国奶牛生产性能测定发展现状

我国的奶牛生产性能测定工作，是在充分地吸收和借鉴国外先进经验基础上，经过二十多年的不懈努力，取得了显著成效，包括优良的生产性能和优良的种质资源，对促进奶业快速健康发展起到了积极作用。

1. 发展概况

1990 年，在天津"中日合作奶业发展项目"的资助下，天津首先在我国开展了奶牛生产性能测定技术推广应用；1994 年，在"中国－加拿大奶牛育种综合育种项目"的支持帮助下，奶牛生产性能测定技术先后在上海、北京、西安、杭州等地迅速推广应用；中国奶业协会于 1999 年成立了"全国奶牛生产性能测定工作委员会",制定了DHI测定的技术规范,在全国组织开展DHI测定工作;随着国家对奶业发展的关注,农业农村部对奶牛养殖大省的DHI测定中心及中国奶业协会投入了大量的硬件设备。2004年,经农业农村部批准立项,全国畜牧总站建设了全国奶牛生产性能测定标准物质制备实验室,2011年5月竣工验收,10月正式向全国DHI中心供应DHI标准物质;2005年中国奶业协会建立了中国奶牛数据中心,组织开发了《中国荷斯坦牛生产性能测定信息处理系统CNDHI》,用于各DHI中心的数据处理、分析及上报,指导各DHI中心分析及处理DHI数据;2006年农业农村部畜禽良种补贴项目对8个省、直辖市的9万头奶牛开展生产性能测定补贴试点工作;2007年,国务院印发《关于促进奶业持续健康发展的意见》,中国奶业协会组织制定并颁布了《中国荷斯坦奶牛生产性能测定技术规范》(NY/T 1450—2007),并会同全国畜牧总站出版了《中国荷斯坦奶牛生产性能测定科普手册》;2008年,农业农村部发布《全国奶牛群体遗传改良计划》,并在16个省(市、区)建立了18个DHI实验室推广该项技术并给予财政补贴,同年全国畜牧总站开始筹备全国DHI标准物质实验室;到2009年12月,全国参测的牛场1 024个,参测奶牛52.8万头;2011年,全国畜牧总站完成DHI标准物质实验室建设,完成DHI标准物质的第三方制作,实现了对全国23家DHI实验室的测定结果监管;2015年农业农村部根据《中国奶牛群体遗传改良计划(2008—2020年)》规定,为加强奶牛生产性能测定工作的组织实施,实现2020年奶牛生产性能测定数量达到100万头的目标,更好地为奶牛群体遗传改良和饲养管理服务,制定了《奶牛生产性能测定工作办法》;2018年,国务院办公厅印发了《关于推进奶业振兴保障乳品质量安全的意见》(国办发〔2018〕43号),明确指出:奶业是健康中国、强壮民族不可或缺的产业,是食品安全的代表性产业,是农业现代化的标志性产业和一二三产业协调发展的战略性产业。文件首先确立了奶业的战略定位,同时也明确提出:扩大奶牛生产性能测定范围,加快应用基因组选择技术。为贯彻落实《国办意见》和全国奶业振兴工作推进会议精神,经国务院同意,农业农村部等九部委联合印发了《关于进一步促进奶业振兴的若干意见》(农牧发〔2018〕18号),明确实现奶业振兴目标的主要任务和工作措施之一:提高奶牛生产性能测定中心服务能力,扩大测定奶牛范围,逐步覆盖所有规模牧场,通过测定牛奶成分调整饲草料配方,实现奶牛精准饲喂管理。2019年,中央一号文件再度聚焦"三农",再次明确提出"奶业振兴行动",这是继2017年后,中央一号文件再举奶业振兴旗帜。《全国奶牛遗传改良计划(2021—2035年)》进一步指出:要建立高效智能化奶牛生产性能测定体系,大幅提高数据采集能力和质量,扩大奶牛生产性能测定规模,增加奶牛健康、繁殖等性状的测定,提升生产性能测定中心检测能力。《"十四五"奶业竞争力提升行动方案》(农牧发〔2022〕8号)要求:扩大奶牛生产性能测定范围,健全奶牛生产性状关键数据库,加强奶牛生产性能测定在生产管理中的解读应用。

2. 我国奶牛生产性能测定工作取得成效

近年来,DHI在农业农村部及各级政府的大力支持下,通过各方不懈努力,取得了显著的成绩。参测奶牛场由2008年的592个增加到2023年1 339个,参测奶牛194.50万头,累计完成了157万头荷斯坦牛的品种登记,种公牛全部实现后裔测定,建立的全国奶牛DHI数据处理系统收录各类数据4 000万条。

通过测定数据的应用，显著提高了奶牛生产水平，参测奶牛日均产奶量由 2008 年的 22.1 kg 提高到 2023 年的 34.0 kg，305 d 产奶量从 7.4 t 提高到 10.3 t，乳脂率由 3.64% 提高到 3.97%，乳蛋白率由 3.19% 提高到 3.35%，体细胞数由 39.7 万个 /mL 下降到 22.3 万个 /mL，质量比肩欧盟等奶业发达国家（地区）水平。

据全国 DHI 数据统计，参测奶牛的生产水平和生乳质量远高于全国平均水平，平均胎次产奶量提高了 341 kg，经济效益可观。同时也促进了奶业的转型升级，我国奶牛养殖业逐步由数量扩张型向质量效益型转变，在保证生乳总产量不降低的前提下，减少了奶牛饲养头数，降低了对环境的压力，有利于实现可持续发展，社会效益十分显著。

3. 存在的问题

在看到成绩的同时，我们必须清楚地认识到，与纵向过去相比，我国 DHI 工作这几年虽然取得了可喜的成效，但横向与奶业发达国家相比，我国的 DHI 工作仍处于起步阶段，还有很大的提升空间。同时我们也必须清醒地认识到，奶牛生产性能测定是一项长期、系统而又艰巨的基础性工作，不是一蹴而就的，需要各方面相互配合，共同协作，方能取得更大的成绩。

第四章　数智化技术在奶牛生产性能测定中的应用

为了进一步提高奶牛生产性能测定工作效率，本章介绍了数智化技术在奶牛生产性能测定中的应用，包括奶牛个体识别与记录、数据采集与记录以及数据管理等方面的内容。实践表明，数智化技术在提高奶牛生产性能测定工作效率和质量方面发挥了重要作用，为推进奶牛场智能化建设提供了有力支撑。本章对数智化技术在奶牛生产性能测定中的应用进行了梳理和总结，并对今后数智化技术在奶牛生产性能测定中的应用进行了展望，旨在为加快实现奶牛生产性能测定信息化、自动化和智能化提供参考。

数智化技术的应用不仅体现在实验室的自动化和数据分析上，还包括信息化采样、奶牛生产性能测定数据的深入分析和应用等。通过对DHI相关数据的统计分析，可以指导牛场疾病防控和健康管理、优化日粮配方设计与制作、加快奶牛群体遗传改良、提高奶牛育种水平和生产性能。这些进展表明，数智化技术正在成为提升奶牛生产性能测定工作效率和准确性的关键因素。

第一节 奶牛个体识别与记录

奶牛个体识别与记录是现代奶牛生产管理中的一个重要环节，它涉及对每头奶牛的详细信息进行跟踪和分析，以提高养殖效率和牛奶质量。奶牛个体识别是指通过一定的识别技术手段，将奶牛个体的识别信息与数据库进行匹配，从而实现对奶牛个体的识别与记录。奶牛个体识别是通过在奶牛体表上安装信息识别设备，利用图像处理技术、计算机技术等，对奶牛个体的基本信息进行提取和记录。通过奶牛个体的识别与记录，可以帮助管理人员实现奶牛个体信息的分类、汇总和分析等工作。

在对奶牛个体进行识别与记录时，需要将采集到的耳标编号信息与数据库中已有的牛只编号进行匹配，并对匹配后的信息进行记录和储存。牛耳标是用于鉴别牛只个体的身份标志，是用于管理人员对牛只个体进行分类和识别的重要工具。牛只编号是用来标识牛只个体的编码，它是通过对牛耳标编号进行匹配而获得的。通过对牛耳标编号和牛只编号进行匹配，可以对不同个体的奶牛进行快速、准确的分群管理。

阿菲金（afimilk）作为领先的奶牛场数字化管理解决方案提供商，提供了一套综合的奶牛生产管理系统，该系统能够直接精准收集多种奶牛自身数据，并通过分析出具牧场各生产岗位所需的生产报告。阿菲金的系统通过全天实时收集牧场各个角落的牛只行为和牛奶生产信息，结合人工录入数据，为牧场提供精准的分析和执行方案，实现发情自动提示、疾病自动预

第四章 数智化技术在奶牛生产性能测定中的应用

警、舒适度自动报警等功能,从而提高牧场管理的精细化水平。

此外,由于奶牛个体识别与记录是建立在数据库的基础上,因此,需要对数据库进行定期更新,以保证信息准确性。随着全球养殖行业从传统养殖向现代养殖转变,各大养殖区都已开始了数字化牧场建设,同时也建立了数据库。在此背景下,国内也开始尝试使用信息化技术对奶牛场的牛只个体进行识别与记录。目前常见的奶牛个体识别与记录系统主要有以下三种:第一种是在奶牛饲养过程中利用数字、条形码、二维码等技术进行人工识别;第二种是利用机器视觉技术完成对牛只个体的识别;第三种是利用无线通信技术实现个体牛只的识别。

一、人工识别

人工识别的主要流程为:牛场管理人员利用牛耳标编号对奶牛进行编号,并对编号信息进行记录。牛耳标编号应按照《中国荷斯坦奶牛牛只编号的实施办法》统一规范编号,标准耳号应由6位数字组成,不允许重复;牛号是牛耳标编号+牛场编号。牛场管理人员通过人工方式,在奶牛耳朵上悬挂耳牌并标识耳标编号或体表粘贴条形码、二维码等标识,并将其记录在计算机数据库中。通常情况下,一个牛耳标编号和一个牛号都包含了奶牛的基本信息、出生日期、品种等信息。通过人工识别的方式,可对奶牛个体进行快速、准确的分群管理。但在实际操作中,由于工作人员的个体差异或饲养方式不同,会导致识别结果不够准确。因此,在实际生产中要尽量保证奶牛饲养人员对牛耳标编号和牛号等信息识别的准确性。

二、机器视觉技术

机器视觉技术是指通过采集物体图像信息,并对图像进行处理、分析,从而获取物体信息的一种技术。该技术具有快速、高效、准确的特点,因此,在现代化奶牛场中得到广泛应用。利用机器视觉技术进行奶牛个体识别需要获取奶牛的体貌特征,常用的方法是借助计算机图像处理软件,对采集到的奶牛图像进行处理与分析,提取奶牛个体的特征信息。

机器视觉系统可以分为3类:①图像采集设备;②图像处理与分析设备;③基于计算机视觉的识别系统。其中,图像采集设备主要用于采集奶牛体貌特征信息,如奶牛体貌特征、牛只大小和形状、运动速度等;而图像处理与分析设备则用于对图像进行预处理,包括亮度、对比度、锐度、去噪、边缘提取等;基于计算机视觉的识别系统则主要用于对奶牛体貌特征信息进行提取和分析。

机器视觉技术可以对奶牛个体进行自动识别和记录,但需要投入大量人力和物力。因此,该技术在应用过程中存在一些问题:一是目前我国尚未建立完善的奶牛品种鉴别体系;二是奶牛个体识别和记录主要依靠人工操作完成,效率较低,且易受人为因素影响。

目前,国内外已有许多研究人员在机器视觉技术在奶牛个体识别与记录中的应用方面进行了探索。例如,使用机器视觉技术对牛只进行行为识别、通过机器视觉技术对牛只进行体貌特征分析等。

第四章　数智化技术在奶牛生产性能测定中的应用

三、无线通信技术

以 RFID 无线射频识别技术和智能项圈为代表的无线通信技术在奶牛养殖应用广泛。其中基于 RFID 的智能识别牛耳标技术，通过在牛耳朵上佩戴微型芯片，实现对牛只的个体识别和数据采集，俗称"电子耳标"，每个电子耳标都有唯一的标识号码，可以追踪牛只的生长、健康状况、行为特征等信息；智能项圈除具有电子耳标功能外，通常还搭载各种传感器，实时监测牛只的健康状况等生理参数，如体温、活动量、采食、反刍和休息等，有助于早期发现健康异常并提供数据支持，能够实现对疾病的早期预警和防控，可能包括对发情、疾病早期征兆等的监测，并可通过与智能设备的连接，实现实时数据查看和处理，一旦奶牛出现异常情况，系统可以自动发出警报，实现个体的精细化管理。

第二节　数据采集与记录

目前，数智化技术在奶牛生产性能测定中应用，主要是利用计算机软件对奶牛生产性能测定的各项指标进行采集，然后利用专用软件对其数据进行记录。为提高奶牛生产性能测定工作效率和准确性，将数智化技术与奶牛生产性能测定工作相结合成为了研究重点。随着物联网、云计算等信息技术的快速发展，数智化技术在奶牛生产性能测定中的应用也日益广泛。信息化采样是基于智能手机、智能终端及云服务技术开发的系统，实现信息采集的自动化，提高采样工作效率和数据准确性。同时实验室奶样检测结果也通过网络直接上传云端服务器，通过采样条码与牛只编号对应，实现牛只与奶样分析结果的一一对应。系统通过对采样数据的汇总分析，自动生成个体及群体的分析报告。同时，通过无线通信网络将分析结果上传至服务器，实现计算机与传感器之间的数据交换，便于管理人员随时了解奶牛场的生产情况。这种方法具有实时性强、稳定性好等优点，可以及时掌握奶牛健康状况、饲料营养水平和环境温度等情况。

一、信息化采样

采样是 DHI 工作的第一步，也是最为重要和关键的一步，传统的采样方法是采样前先在样品瓶上粘贴空白标签，登记样品瓶序号，采样员手工抄写奶牛耳号后，将采样瓶序号与奶牛耳号一一对应（或直接在采样瓶上登记奶牛耳号），样品到达 DHI 实验室后，由检测人员按采样先后顺序，根据样品瓶序号（或奶牛耳号）进行测定，测定数据与样品瓶序号（或奶牛耳号）一一对应，最后数据处理人员将采样信息和实验数据对应起来。这个过程存在一定的人为误差风险，只要有一头牛识别错误或识别的顺序错误，整个牛场的测定结果将发生错乱。为了优化 DHI 工作流程，提高采样效率，保证样品的准确性，郑州奇飞特电子科技有限公司研发了一套基于奶牛电子耳标和采样瓶条形码识别的 DHI305 奶样采集信息自动化管理系统。

1. 系统架构

DHI305 奶样采集信息自动化管理系统架构如图 4-1 所示。

第四章 数智化技术在奶牛生产性能测定中的应用

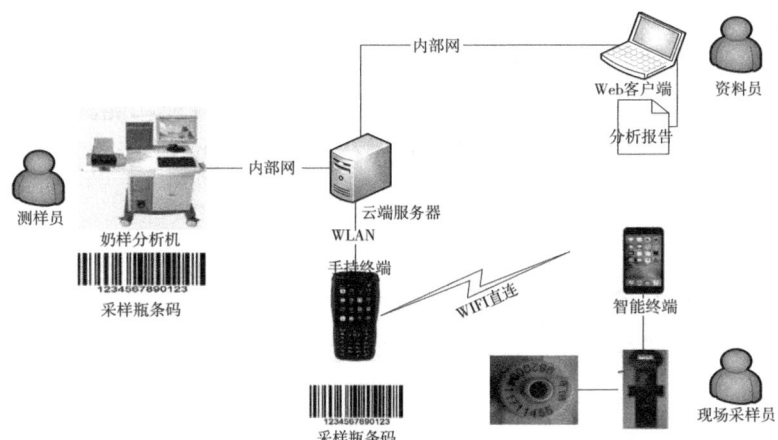

图4-1 DHI305奶样采集信息自动化管理系统架构

2. 系统功能特点

（1）基本应用

①双机同步功能。两台不同的智能终端设备间通过无线通信方式交互数据，实现牛号录入和瓶号录入可以同时进行。

②支持多种录入方式。采用基于安卓（Android）的专用终端设备可以扫描二维码、RFID电子耳标，也可以通过智能手机手工录入。

③自动换算奶牛单产，换算方法可选择。

④智能终端可以编辑维护查询录入数据，并在确认后提交服务器。

⑤电脑客户端能够实现现场其他格式，如，Excel数据的导入、转换，与实验室数据的交互。

⑥检测数据自动汇总统计，并出具分析报告。

（2）扩展功能

①智能终端软件在线自动升级。

②实现 GPS 定位功能，有牧场位置采集和导航功能。

（3）可向微信分享采样数据及位置信息功能。

3. DHI305 奶样采集信息自动化管理系统

（1）牛号自动识别系统

对 DHI 参测场的自动挤奶设备做技术升级，在奶厅入口加装电子耳标自动读取设备，按顺序识别每头进入奶厅奶位的奶牛。

（2）电子计量与采样

实现对奶牛产奶量的精确自动计量，同时配备奶样采集端口，使得采集简单快捷。

（3）奶样标识系统

自动将当前采样的牛只电子耳标号及牛场名写入电子奶样瓶，即使奶样瓶随意摆放也不会错乱。

4. DHI 中心数据采集及数据分析解读系统

（1）奶样瓶自动识别系统

对 DHI 奶样检测设备进行改造，加装自动读取设备，当电子奶样品瓶经过自动读取设备时，系统自动读取出电子奶样瓶对应牛号，并登记进入 CNDHI 软件。

（2）数据综合处理系统

系统的业务功能包括：基本信息、数据处理、个体分析报告、群体分析报告、牧场测定报告、系统管理及系统帮助。

第四章 数智化技术在奶牛生产性能测定中的应用

二、奶牛智能体尺体重及体况测定系统

奶牛智能体尺体重及体况测定系统是一种利用现代技术对奶牛的体尺、体重和体况进行精确测量的系统，这对于奶牛养殖和生产环节具有重要的应用价值。

为了能够实现对奶牛的实时监测，获取其体尺体重数据，并根据其体况进行分群饲养，研制了一套奶牛智能体尺体重及体况测定系统。该系统采用图像采集和数据处理技术，通过对采集的奶牛图像进行特征提取，利用 BP 神经网络建立奶牛体重、体尺、体况之间的关系模型。通过对试验数据进行分析表明：该系统可准确地识别和分类奶牛的体尺、体重和体况等参数；所建立的神经网络模型预测精度较高，可以对奶牛进行合理分群，从而为制定科学的饲养管理制度和合理的个体化饲养管理方案提供依据。该系统具有低成本、易操作、高精度、高可靠性和高扩展性等优点。

系统以 PC 机为控制中心，由摄像头采集图像信号并传送给单片机进行处理；单片机将采集到的视频数据和图像数据经 D/A 转换后送入视频监控卡进行处理；由无线收发模块将视频信号和图片信号发送到无线网络上，通过 GPRS 无线网络传送给服务器端进行数据分析；在服务器端对数据进行处理，将处理结果通过串口发送给上位机进行显示和分析。系统以嵌入式单片机 ATmega16 为核心控制单元，采用基于 Linux 操作系统的嵌入式程序设计方法实现对奶牛体尺体重及体况的自动检测和分级。该系统可根据奶牛体况的不同自动将奶牛分为 1～5 个等级，并显示在屏幕上；结合产奶量和泌乳天数将奶牛自动划转到相

近的牛群,并将其分类显示在屏幕上。开启相应的通道,完成自动分群。该系统结构简单、稳定可靠,具有较高的实用价值。

体况评分(Body Condition Score,BCS)是奶牛健康的重要指标之一,可以反映奶牛的饮食情况、胖瘦、生产性能以及健康和福利。如图4-2所示,BCS的重点区域包括背部、尾根、臀尖、髋骨、肋骨和胸部。BCS系统通常使用5分法(1代表瘦弱的牛,5代表肥胖的牛)表达评估结果。通常情况,BCS通常由经验丰富的营养技术人员使用触觉或视觉方法获得。然而,人工方法存在一定的主观性,且易受到光线强度的影响。因此,迫切需要客观、准确和稳健的BCS测量方法。在现代畜牧业中,通常采用计算机视觉技术获取奶牛的体表信息,再通过机器学习等算法构建评估模型实现BCS评估。

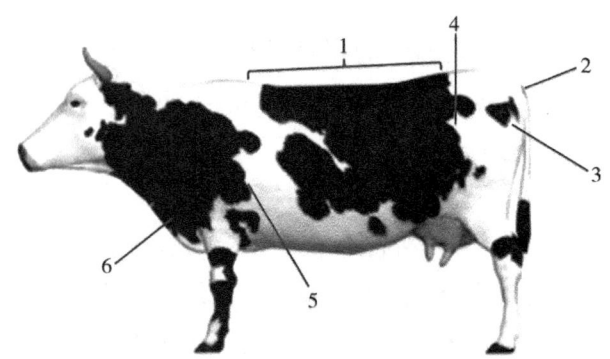

1.背部;2.尾根;3.臀尖;4.髋部;5.肋骨;6.胸部。
图4-2 用于确定牛BCS的区域

实验结果表明,BCS估计值与真实值相差0.25个单位内的总体准确率达到了82%,而相差0.50个单位以内的总体准确度高达97%。

第四章　数智化技术在奶牛生产性能测定中的应用

1. 技术特点

采用多深度相机拍摄牛的体型，非接触式测量方法，通过多个深度相机获取到牛不同位置的深度信息进行拼接，形成成牛的整体三维模型，然后对牛的体表体尺各种长度、面积等指标进行快速测量。

通过将三维模型转换为二维图像然后利用图像识别、图像匹配等技术适应不同体型牛只的测量，具有测量速度快、精度高、稳定可靠的特点。

整个过程中除了采集耗时之外没有时间复杂度高的算法，因此测量用时短，实时性好。

2. 技术实现

通过多个深度相机在不同角度、位置对同一头牛同时拍摄多张图像，不同深度图像的像素结合相机的姿态位置转换为三维点云，多个三维点云通过相机的相对位置进行拼接融合成牛的整体三维点云，将三维点云通过水平面、竖直面等制定平面分割，得到包含牛部分部位三维点云，通过计算点云中每个点到切割平面的垂直距离，将点云投影到切割平面转为二维图像，二维图像可以通过传统的图像匹配，图像识别标记待测量位置。

在三维点云中计算两个测量位置的直线距离，获取测量指标的值，通过计算图中牛前后的深度，把围栏过滤掉来实现精确测量。根据算法把牛姿态矫正后测量，使牛姿态异常时接近于正常人工测量时姿态。

3. 牛体型测定

通过对牛只的连续动态拍照，利用视觉识别技术，测量以下牛体型指标。

（1）体高

肉牛鬐甲高，站立时，从鬐甲顶的垂直高度。

（2）十字部高

牛站立时，从牛十字部位的垂直高度。

（3）体斜长

从肩胛骨前缘到同侧坐骨结节后缘间的长度距离。

（4）体直长

从肩胛骨前缘至同侧坐骨结节后缘间的水平距离。

（5）胸围

在肩胛骨后缘处作一垂线，用卷尺绕一周测量的距离。

（6）胸深

侧面观察牛的肩胛后缘的胸背部顶点到前肢后缘处胸下垂部的垂直深度。

4. 系统组成及工作原理

系统主要由以下部分组成：传感器、数据处理与分析软件和系统硬件结构组成。

（1）传感器

为了获得准确的数据，需要对环境传感器进行改造。本系统采用数字温度传感器，可以实时监测奶牛所处环境的温度变化，并将其转换为数字信号，并传送给计算机系统。

①动作传感器。实时监测奶牛的肢体动作。根据奶牛所做动作的不同，动作传感器可以分为很多种类，其中包括机械、电子、光学等多种类型。利用该传感器，可以准确地对奶牛做出各种肢体动作的频率和幅度进行测量。

②图像采集传感器。采用高速 CMOS 图像传感器，通过摄像头对采集到的图像进行分析处理，并将所采集到的图像信息

第四章 数智化技术在奶牛生产性能测定中的应用

保存在计算机中。

③电子秤。为获取奶牛身体各部分的质量信息，系统需要用到一种可移动、安装方便、价格便宜的电子秤来测量奶牛身体各部分的质量信息。

④其他传感器。由于系统需要获取大量数据，还需要其他传感器来监测奶牛所处环境中各种环境因素。

（2）计算机软件系统

计算机软件系统采用C语言编写，主要包括图像采集、图像预处理、图像特征提取和数据分析等模块。

①图像采集模块。通过动作传感器采集奶牛的动作，并将采集到的视频信号发送给计算机。为了使采集到的视频信号具有良好的清晰度，需要对所采集到的视频信号进行预处理。

②图像预处理模块。目的是消除视频信号中的噪声，使图像清晰；提高视频信号中图像内容的清晰度，便于计算机对所采集到的数据进行分析。

根据奶牛体尺体重的测量原理，确定采用标准正态分布模型来拟合所采集到的奶牛体尺体重数据，并建立相应的数学模型。通过数学模型对所采集到的数据进行拟合，从而获得奶牛体尺体重数据。

③数据处理模块。将所获得的奶牛体尺体重数据信息转化为数字信号，并存储起来。

④数据库管理模块。利用所采集到的奶牛体尺体重数据信息，建立相应的数据库。

（3）数据库管理系统

数据库管理系统主要由三个主要部分组成：用户管理系统、数据管理系统和数据查询系统。

①用户管理系统。该系统是整个系统的核心,包括以下几个模块:数据库创建模块、数据库查询模块和数据库输出模块。其中,数据库创建模块的主要功能是根据不同用户的需求,创建不同的用户信息。

②数据管理系统。该系统是整个系统的基础,负责对采集到的奶牛体尺体重数据信息进行处理与分析。

③数据查询系统。提供相应的查询功能,包括:输入查询条件查询、按条件查询和按日期查询三种方式。其中,输入查询条件查询是指在奶牛体尺体重数据信息采集之前,对奶牛体尺体重数据信息进行预处理;按条件查询是指在奶牛体尺体重数据采集过程中,根据需要对采集到的体尺体重数据信息进行分析。

其中,按时间查询是指根据不同时间段所采集到的奶牛体尺体重数据信息,自动生成相应的时间序列曲线图;按条件查询是指根据不同的条件对采集到的奶牛体尺体重数据信息进行分析与处理;按日期查询是指根据不同日期所采集到的奶牛体尺体重数据信息,自动生成相应的时间序列曲线图。

(4)图像采集与处理模块

图像采集与处理模块将奶牛体尺体重数据采集到计算机中,并将采集到的数据传送给数据库模块。在图像采集时,需要先将图像进行预处理,再将预处理后的图像传送给计算机。其中,预处理包括灰度化、二值化、去噪和形态学处理等。

①灰度化。利用灰度级来表示图像中不同像素点的值大小。通过灰度变换,将图像中的不同颜色分量进行分离,这样可以提高图像的对比度。

②二值化。二值化是在原始图像上提取出一个灰度值区域,

第四章　数智化技术在奶牛生产性能测定中的应用

利用该区域的灰度信息，来确定每个像素点的颜色。通过对二值化后的图像进行灰度化处理，可以在保证奶牛体尺体重数据完整的前提下，使其更加清晰、直观。

形态学处理是根据图像中所呈现的特征，对图像进行相应的修改或添加操作。当奶牛被放置在镜头下时，其身体呈现出各种形状，如头部、耳朵、腹部等。通过对奶牛身体不同部位进行形态学处理后，可以准确地描述出奶牛在镜头下的姿态和动作。

另外，如果奶牛身体表面有灰尘或污垢，将会严重影响奶牛体尺体重数据的准确性。因此，需要对图像进行去污处理。

5. 奶牛体尺、体重、体况模型的建立

奶牛体尺、体重及体况模型的建立是在计算机的支持下，根据奶牛的体尺、体重、体况等数据，建立 BP 神经网络，通过学习训练和测试，测试误差达到一定程度时，该模型就可以运用到实际生产中。

在图像处理过程中，由于奶牛个体间存在差异性，因此需要对奶牛图像进行预处理。预处理的主要目的是去除背景干扰及对图像进行降噪处理。在此基础上，首先对采集到的图像进行二值化处理；然后通过形态学运算和形态学开闭运算分别将奶牛头部、肩部和臀部的轮廓进行分割，得到奶牛头部和臀部的轮廓图；最后用数学方法提取奶牛体尺、体重、体况等特征并作为 BP 神经网络输入参数。由于本系统采用的是 C/S 模式结构，因此需要在 Windows XP 环境下采用 C# 语言编写 BP 神经网络学习程序。

为了便于对奶牛体况进行分类和分级，在建立模型时需要根据奶牛的体型、体况、胎次、产奶等数据建立相应的 BP 神经网络模型。BP 神经网络模型通过对采集到的图像进行特征提取，并建立奶牛体重、体尺和体况之间的关系模型。

（1）图像预处理

为了降低噪声对图像处理的影响，采用中值滤波对采集到的图像进行降噪处理，中值滤波是一种线性函数，它的作用是平滑图像，并滤除噪声。采用中值滤波对采集到的图像进行降噪处理，并对降噪后的图像进行二值化处理。中值滤波是一种非线性函数，它在图像中只保留一小部分不相关的信息。采用中值滤波来滤除奶牛在运动过程中产生的大量噪声。

由于图像采集过程中受到多种因素影响，如光线、噪声等都会对图像产生影响。因此，为提高图像处理效果，降低噪声干扰，首先要去除噪声。根据奶牛头部、肩部和臀部轮廓在彩色图像中分布相对均匀的特点，采用高斯混合模型来对彩色图像进行滤波处理。该模型具有较好的拟合能力和较高的精度。

系统采用高斯混合模型对奶牛彩色图像进行滤波处理，以实现对彩色图像的平滑降噪。高斯混合模型是一种非线性模型，其不仅能减少噪声对原始图像的影响，而且能保留原始图像中丰富的细节信息。高斯混合模型可以消除高斯分布所带来的"椒盐"现象，并对数据进行平滑处理。由于采集到的奶牛图像均是彩色图像，因此在进行二值化处理前需要先将其转换为灰度图像。在本研究中将彩色和灰度分别转换为灰度图。具体步骤如下。

①将采集到的奶牛彩色图转化为灰度图。

②分别将彩色图和灰度图转换为二值化图。

第四章 数智化技术在奶牛生产性能测定中的应用

③从二值化图中去除背景干扰和噪声。

④利用 Otsu 算法对二值化图中奶牛目标进行二值化处理。

⑤利用数学形态学对二值化图进行细化处理。

⑥利用最大类间方差法对细化后的二值图片进行分割处理。

（2）特征提取

根据奶牛体尺、体重和体况的不同，需要将其作为输入参数的图像特征提取方法不同。对于奶牛的体尺、体重和体况等数据，需要利用数学方法来对其进行特征提取。

常用的数学特征提取方法有：基于 Otsu 阈值分割的图像分割算法、基于自适应阈值的图像二值化算法和基于直方图统计方法进行图像二值化的算法。

①基于 Otsu 阈值分割的图像分割算法。Otsu 算法是一种基于统计理论的阈值分割方法，该算法的核心是计算目标与背景的灰度差异，并选取最佳阈值。Otsu 算法通过迭代计算，寻找到使图像分割效果最佳的阈值。由于 Otsu 法简单易用，且适应能力强，因此被广泛应用于图像分割。通过 Otsu 法，将图像分割成一系列小块，然后选择最大类间方差法或最小类间方差法所选取的阈值来分割图像。Otsu 法只适用于灰度信息丰富的图像，如牛眼、乳头等图像中的牛只。对奶牛体尺、体重和体况进行特征提取时，利用 Otsu 法选取的阈值进行分割后，再将所得图像进行人工神经网络处理。由于奶牛体尺、体重和体况的数据量大、维度高，因此不能使用 Otsu 法进行分割。

②基于自适应阈值的图像二值化算法。基于自适应阈值的图像二值化算法是目前最常用的一种方法，其基本思路是：采用多个阈值，并根据图像中像素的灰度值对阈值进行调整，

直到找到一个阈值使得图像中的像素都属于该阈值的范围之内。该方法能有效去除图像中的噪声和对某些颜色有较大影响的背景信息，能够较好地保留奶牛体尺、体重和体况等特征信息，具有很强的鲁棒性。由于该方法对图像中的噪声有一定抑制作用，因此不适用于含有噪声且不均匀的图像。基于直方图统计方法进行图像二值化的算法是根据奶牛体尺、体重和体况等特征信息对奶牛图像进行二值化处理。该方法与Otsu算法相比较，具有计算速度快、操作简单等优点，且不需要事先确定阈值，因此在奶牛体尺、体重和体况特征提取中应用广泛。

（3）建立BP神经网络

BP神经网络的工作原理是采用反向传播算法，利用训练样本的输出与输入之间的关系对新样本进行预测。为了更好地完成BP神经网络训练，需要通过一些设置来控制输入和输出节点，如定义层神经元个数、初始权值、初始误差和学习速率等。在训练过程中，输入层神经元个数和输出层神经元个数的选取对网络性能有很大影响。为了更好地处理非线性关系，本文选择了具有1~3个隐含层的三层BP神经网络模型。其中输入层为4个神经元，输出层为5个神经元，隐含层和输出层都是三层的。输入层和输出层都含有8个节点；隐含层由3个节点组成，输出层由5个节点组成；训练时将输出权值设置为100；学习速率设为0.01，每次迭代次数设为10。经过10次迭代训练后，输出结果的误差均小于0.025，网络的收敛速度快且精度高。

为了便于对奶牛体况进行分类和分级，将奶牛体尺、体重和体况之间的关系模型作为BP神经网络的输入参数，并将该模

第四章　数智化技术在奶牛生产性能测定中的应用

型应用到实际生产中。经测试结果表明：该模型具有很好的稳定性和适应性。

6. 系统应用分析

通过对不同个体的奶牛进行测试，测试结果表明：奶牛智能体尺体重及体况测定系统可以准确地识别和分类奶牛的体尺、体重和体况等参数。其识别的准确率为96.67%，表明该系统可用于奶牛体况等级的初步评价，可以为制定科学的饲养管理制度和合理的个体化饲养管理方案提供依据。这套系统具有以下特点。

①测试精度高，结果可靠。采用机器视觉技术和图像处理技术对奶牛进行实时监测，检测精度高，可准确地识别和分类奶牛的体尺、体重和体况等参数。

②扩展性好。由于本系统具有较强的扩展性，可以方便地将本系统嵌入已有设备中使用。通过增加传感器和摄像头等设备，可以实现牛体尺、体重及体况等参数的实时监测。

③低成本、易操作。本系统体积小，可方便地安装到牛舍内，成本低，易操作。

④高精度。检测数据的准确度在95%以上，对奶牛的分级精度在96%以上，可以用于奶牛体尺体重及体况等级的初步评价。

⑤高可靠性。通过对奶牛图像进行特征提取和神经网络建模，可以实现奶牛体况等级的准确判定。经实际应用验证表明：本系统可用于奶牛体况等级的初步评价，具有良好的可靠性。

第三节 大数据分析在奶牛生产性能测定中的应用

近年来，随着大数据技术的快速发展，其在各个领域的应用越来越广泛。在奶牛生产性能测定领域，大数据技术通过对奶牛生产数据进行统计分析，可以全面了解奶牛的生产性能，从而提高育种工作效率。目前，我国大部分的奶牛场都采用传统的系谱记录方式进行奶牛生产性能测定，这种方式会受到牛场规模和人力资源的限制，而且传统的系谱记录方式费时费力、内容烦琐且容易出现错误。随着奶牛生产性能测定（DHI）系统的广泛应用以及人工智能技术的快速发展，奶牛生产性能测定中数据采集、数据分析等环节都可以借助大数据分析技术来实现自动化和智能化。本节结合在 DHI 系统中应用大数据分析技术的经验，对该技术在奶牛生产性能测定中的应用进行了探讨。

一、背景

随着奶牛生产性能测定系统的不断完善，奶牛场参加 DHI 测定积极性不断提高，并在生产中使用 DHI 报告指导生产，这给奶牛生产带来了极大的便利，使其成为一种现代化的奶牛育种方式。DHI 系统通过对奶牛个体进行记录，利用大数据技术对 DHI 数据进行统计分析，并通过生物统计和计算机技术来提高 DHI 数据的准确性和效率。在 DHI 系统中，数据采集是整个 DHI 系统的基础。为了保证 DHI 数据的准确性和完整性，需要

第四章 数智化技术在奶牛生产性能测定中的应用

在 DHI 系统中进行数据采集。以往，我国大部分奶牛场都采用传统的人工记录方式来记录奶牛生产性能，这种方式耗时费力、内容烦琐且容易出现错误。随着大数据技术在各个领域的广泛应用和快速发展，利用大数据技术对奶牛生产性能进行分析是现代牧场管理中非常重要的一部分。通过对收集大量生产数据进行统计分析可以全面了解奶牛的生产性能，从而帮助牧场制定合理科学的育种计划。由于大数据技术具有海量数据、多样化格式和动态变化等特点，因此需要利用大数据分析技术对其进行挖掘和处理。为了解决以上问题，在 DHI 系统中应用了大数据分析技术，该技术通过对大量奶牛生产数据进行统计分析来发现其中蕴藏的规律和趋势，并能够有效地利用这些规律和趋势来提高奶牛育种工作效率和生产性能。本节对 DHI 系统中大数据分析技术进行阐述。

1. DHI 系统

DHI 系统是由中国奶业协会组织开发的用于测定奶牛生产性能的电子数据采集分析系统，该系统包括奶牛个体编号、个体特征参数（例如，体高、体长、胸围等）和系谱信息（例如，产奶量、胎次等），以及奶牛个体的繁殖记录（例如，配种时间、产犊时间等）。DHI 系统通过对奶牛的个体信息和繁殖信息进行收集和分析，然后通过计算机程序计算出奶牛的生产性能参数，从而为奶牛育种工作和生产决策提供重要参考。

DHI 系统主要由牛只信息输入、DHI 数据库和 DHI 报告解读三部分组成。牛只信息输入是整个 DHI 系统的核心，它包含了 DHI 数据采集系统的基本设置以及生长、生产和繁殖等信息输入。DHI 数据库是整个 DHI 系统的基础，其存储了所有收集的奶牛生产性能数据，包括系谱记录和繁殖记录等内容，包括所有与奶牛生产性能相关的参数。DHI 报告解读是整个 DHI 系统的核心，它将牧场管理中所有涉及奶牛生产性能测定的内容都进行了全面的集成和分析解读。DHI 报告解读可以对牧场管理中所涉及的所有与奶牛生产性能相关的数据进行全面的分析和处理，从而为牧场管理人员提供全面、准确、高效的决策依据。

在实际生产中，由于奶牛个体数量庞大、个体特征参数种类繁多且个体之间存在差异，因此需要对大量个体进行信息收集和分析。由于 DHI 系统具有数据采集量大、数据格式多样化、数据存储时间长等特点，因此需要对收集到的大量生产数据进行高效且准确的分析和处理。

（1）大数据技术可以使奶牛育种工作更具针对性

以往奶牛育种工作往往是根据经验来选择合适的个体进行选育，但这种方式存在很多不足之处。

（2）大数据技术可以实现奶牛个体特征参数和繁殖信息的整合

通过对大量生产数据进行分析可以实现奶牛个体特征参数和繁殖信息之间的整合并使这些信息得到充分利用，从而有效提高奶牛育种工作效率。

（3）大数据技术可以实现牧场管理与育种工作一体化

以往牧场管理人员主要依靠经验来制订育种计划，这种方法存在很多不足之处。

2. 大数据分析技术

大数据技术是指用计算机技术来处理和分析数据，从而能够得到以前无法获得的数据的技术。随着网络的不断发展，各种类型的数据都被收集到一起，使网络中的数据量呈指数级增长。为应对这种变化，人类需要建立有效的数据管理方法和体

第四章 数智化技术在奶牛生产性能测定中的应用

系。大数据技术就是指利用这些海量数据来挖掘其中隐藏的规律和趋势，从而帮助人们做出更加明智的决策。大数据分析技术是对大量数据进行分析、整合、挖掘和利用，并从中提取有用信息。

由于奶牛生产数据具有多样性、复杂性和动态性等特点，因此需要对其进行采集、存储和处理。为了保证奶牛生产数据采集的准确性，需要对其进行标准化处理。而在奶牛育种和生产决策中，标准化处理是非常重要的一个环节，标准化处理不仅可以保证 DHI 系统采集到的生产数据真实、完整，而且还可以避免由于人为因素而产生错误。

在奶牛育种和生产决策过程中，奶牛生产性能测定是非常重要的一个环节。随着 DHI 系统的不断完善和发展，通过对大量生产数据进行统计分析来发现其中蕴含的规律和趋势已经成为现代牧场管理中非常重要的一部分。然而传统的牧场管理系统中一般没有建立完善的大数据分析模块，因此很难发现其中蕴含的规律和趋势。在对大数据分析技术进行研究的过程中，首先对收集的大量奶牛生产数据进行预处理和标准化处理；然后采用大数据分析技术对处理后的奶牛生产数据进行统计分析；最后通过对统计结果进行深入分析来发现其中蕴含的规律和趋势并利用这些规律和趋势来提高奶牛育种工作效率和指导生产决策。

3. 数据存储和处理

在 DHI 系统中，奶牛的生产数据主要包括日产奶量、胎次和产犊日期等。为了方便对这些数据进行处理和分析，需要将这些数据按照一定的格式存储在数据库中，并将数据按照一定的方式进行处理。

一般情况下，奶牛的生产数据都采用关系型数据库进行存储,其中包括奶牛的基本信息、产奶量、胎次和产犊日期等。在奶牛的生产数据中,虽然部分数据采用了关系型数据库进行存储,但大多数生产数据都是非结构化数据。非结构化数据虽然可以直接存储在数据库中,但无法进行有效的处理和分析,无法满足大数据技术对海量信息进行处理和分析的需求。

(1)非结构化数据处理

在奶牛生产性能测定中,通常将生产数据按照不同的类型进行分类。对于奶牛的个体基本信息,包括奶牛的出生日期、胎次、繁殖状况等,一般可以直接存储在关系型数据库中;对于产奶量、日采食量等信息,需要在奶牛生产性能测定中进行采集和存储;对于产犊日期等信息,一般需要在DHI系统中进行记录。

非结构化数据在存储时,通常采用文本文件存储数据。文本文件中的数据是以一组固定的格式存储,例如,一个英文单词的第一个字母表示单词的意思。将非结构化数据存储在数据库中时,由于数据量非常大,所以通常需要对文本文件进行分词、去重等操作。为了提高数据库的查询效率,很多研究人员提出了基于J2EE平台进行大数据处理的方案。采用J2EE平台进行大数据处理时,一般需要对非结构化数据进行预处理、分词、分库、建立索引等操作。

(2)海量数据的存储

在大数据环境下,海量数据进行存储和处理是对其进行分析的基础,但现有的关系型数据库无法满足海量数据存储和处理的需求。在奶牛生产性能测定中,日产奶量、胎次和产犊日期等数据都是非结构化数据,需要采用专门的大数据存储技术来进行存储。这些数据具有以下特点。首先,数据量大,最大

第四章 数智化技术在奶牛生产性能测定中的应用

单条记录数可达几百 TB；其次，数据量大，包含大量的文本、图像和声音等非结构化数据；最后，数据量大，一般是以 TB 为单位。这些特点决定了在大数据环境下对海量信息进行存储和处理的难度。目前，大量的关系型数据库已经应用于大数据系统中，但它们所提供的存储和处理能力已经无法满足大数据技术对海量信息进行存储和处理的需求。因此，为了解决海量信息的存储和处理问题，需要采用新型数据库来对海量数据进行存储。

  大数据时代，数据量呈暴发式增长，海量数据的处理成为了一个重要的难题。目前，我国许多企业已经开始将大数据技术应用于日常管理，通过大数据技术实现对奶牛生产性能的有效监测和数据分析，并基于大数据分析结果来制订科学合理的育种计划和指导生产决策。在 DHI 系统中应用大数据分析技术可以使奶牛场的生产管理水平得到提升，从而实现对奶牛生产性能测定数据的有效利用。大数据分析技术可对 DHI 系统中的海量数据进行挖掘，从而为奶牛场提供准确、可靠、动态变化的 DHI 数据。该技术不仅可帮助奶牛场更好地了解奶牛生产性能，而且可通过对其进行统计分析来制订合理的育种计划并指导牛场生产决策。虽然目前我国已经开始在 DHI 系统中应用大数据分析技术，但是目前该技术还存在一些问题需要解决。首先，数据的来源和格式多样，需要对其进行统一化和标准化；其次，虽然该技术已经在 DHI 系统中得到了应用，但是该技术并没有形成一整套完整的理论体系；最后，在大量生产数据中寻找隐藏规律和趋势也是一个难题。具体来说，基于 DHI 系统收集的大量数据对其进行了分析和挖掘，通过对数据进行统计分析，探寻奶牛生产性能之间存在的相关性和规律并指导牧场育种工作和生产决策。在未来的研究中,将进一步深入研究该技术并完善相关理论体系以更好地服务于牧场生产管理。

二、DHI 系统的建立和应用

在奶牛生产性能测定过程中,要建立一个规范的数据库,该数据库应包含奶牛基本信息、产奶性能、乳成分、乳房炎等指标。在进行奶牛生产性能测定时,要先将奶牛基本信息和产奶性能指标进行导入,然后需要按照一定的逻辑关系对不同的信息进行分类,并在系统中添加相应的功能模块,从而实现不同模块之间的信息联动。

1. DHI 数据库的建立

在奶牛生产性能测定过程中,要先将参测牛只生长、生产和繁殖等基本信息导入数据库中,再将产奶性能指标以及乳成分等进行导入,然后按照一定的逻辑关系,对导入信息进行分类,从而完成 DHI 数据库的建立。其中奶牛的基本信息,主要包括牛号、品种、出生日期、出生地点等。奶牛产奶性能指标,主要包括奶牛的产奶量、乳脂率、乳蛋白率和体细胞数等。在 DHI 数据库的建立过程中,需要按照一定的逻辑关系对录入信息进行分类,然后按照一定的逻辑关系将各类信息整合到一起,从而完成数据库的建立。其中在数据库中,要根据奶牛的生产性能指标制定不同的管理规则,从而实现 DHI 系统内部不同模块之间的信息联动。

2. 数据库的数据导入和读取

在 DHI 系统建立过程中,数据库是其重要的组成部分。在 DHI 系统中,将需要测得的数据导入到数据库中,主要包括以下步骤：首先要将测得的奶牛基本信息（包括奶牛编号、奶量、乳房炎等）和产奶性能指标（包括产奶量、乳成分等）导入数据库中；然后要将测得的数据进行分类，并按照一定的逻辑关系进行整理，最后将整理后的数据通过一定的程序导入数据库中。在整个过程中，需要注意以下几点：首先要对数据库进行备份，防止由于电脑故障导致数据丢失；其次要根据数据分析需要，对相关指标进行设定，然后根据设定的指标对相关参数进行修改；最后需要注意的是在进行数据分析时，不能仅靠单一指标来评价奶牛生产性能。

三、大数据分析技术在 DHI 系统中的应用

在 DHI 系统中应用大数据分析技术主要包括以下几个方面。一是数据采集。通过对奶牛生产性能数据的采集、记录、上传和分析，可以全面掌握奶牛的生产性能情况。二是数据处理。对采集到的数据进行处理，包括缺失值填充、异常值剔除、标准化和正态化、标准化转换和标准化合并等。三是数据分析。利用大数据分析技术对收集到的数据进行统计分析，从而为奶牛场提供决策依据。

1. 数据采集

采用两种方式对 DHI 数据进行采集，一是手工记录，二是自动采集。手工记录的方法是将所有的试验牛都固定在一个区域内，由技术员对每头牛进行记录，这种方法由于工作量大、效率低、数据容易出错等缺点而不被接受。为了解决这个问题，研究人员利用 DHI 系统的自动采集功能，对每头试验牛进行数据记录并上传，然后由技术员对数据进行人工复核和修改。自

动采集的方法是将奶牛每天的奶量、饲喂时间、挤奶时间等按照一定的间隔记录下来,由技术员将这些数据自动导入DHI系统中。人工采集的方法是由技术员在牛舍内按一定的间隔对奶牛进行采血、测量产奶量、挤奶等操作,然后将这些数据按照一定的格式和标准录入DHI系统中。

通过对DHI数据进行采集,可以得到大量的试验牛相关数据。具体步骤如下:

(1)数据采集

经过一段时间,这些数据就会自动累积到数据库中。

(2)人工复核

由于大量试验牛在牛舍内随机分布,不可能一头参测牛每天都进行采样、测量产奶量等操作。因此,对每头参测牛都会进行人工复核,主要复核试验牛每天的挤奶时间、挤奶量是否与系统记录一致等。对于没有参加DHI系统测定或者在规定时间内没有进行采样、测量产奶量等操作的参测牛,则由技术员在DHI系统中手工记录下来。

(3)数据整理和上传

每次测定结束后,由技术员对采集到的数据进行整理和录入,并将这些数据上传到DHI系统中。对于需要修改的数据,则需要在DHI系统中进行修改和修正后再上传。

2. 数据处理及分析

(1)缺失值填充

缺失值填充是指对数据进行标准化处理,主要包括缺失值填充和异常值剔除。在DHI系统中,一般采用的是自动填充方法,也有少量人工补填。在DHI系统中通过自动填充、手动选择的方法来补填数据,并根据实际情况选择适合的方法来剔除异常值。

(2) 异常值剔除

标准差剔除是指根据标准差的大小将数据分为不同的等级，在计算时将等级大的数据删除；异常值剔除是指对数据进行标准化处理后，将其从数据集中去掉。

(3) 标准化和正态化

标准化和正态化是在对数据进行标准化处理后，将其转换为一个或多个新的数字，从而使数据具有可比性。在 DHI 系统中，一般采用标准差剔除法和标准正态化两种方法。

(4) 标准化转换和标准化合并

标准化转换是指将两个不同的数据集在同一时间进行合并，并使其具有相同的量纲和单位。

(5) 统计分析

其中个体生产性能指标包括产奶量、乳成分、乳蛋白、乳脂、体细胞数等；群体生产性能指标包括单产、日产奶量等。

四、大数据分析技术对提高奶牛生产性能测定工作效率的作用

在奶牛生产性能测定过程中，需要采集大量的生产数据，而传统的人工记录方式只是一种简单的数据记录，无法满足育种工作对信息的需求。为了提高生产性能测定工作效率，我们从以下几个方面入手。

1. 优化奶牛生产性能测定过程

通过分析测定数据，可以对牛场进行综合评价，通过这些评价信息可以了解牛场的基本情况和管理水平，从而为牛场选

择优秀的管理人员提供参考。同时，我们还可以通过这些评价信息了解牛场在奶牛选育和改良方面存在的问题。

2. 优化 DHI 系统

奶牛生产性能测定中，DHI 系统是一种非常重要的数据记录方式。为了保证 DHI 数据的准确性和及时性，我们需要不断完善 DHI 系统，如优化软件系统功能、加强硬件设备的维护等。

3. 利用大数据分析技术

随着互联网技术的快速发展和大数据应用范围的不断扩大，我们可以将这些大数据信息作为奶牛生产性能测定过程中的重要参考。同时，我们也可以利用这些信息对牛场管理人员进行培训，从而提高他们对大数据技术的认识和理解。

4. 利用大数据分析技术进行遗传评估

利用大数据技术对 DHI 系统中采集到的大量生产数据进行统计和分析后可以发现奶牛生产性能方面存在哪些优势和劣势，从而为我们了解奶牛生产性能提供重要参考信息。

5. 利用大数据分析技术开展数据对比分析

传统的系谱记录方式费时费力且容易出现错误。将大数据分析技术应用到 DHI 系统中可以有效解决这些问题。我们可以利用大数据技术对多个牛场、多个性状进行对比分析，从而帮助我们了解各个牛场之间存在的差距和存在差异的原因。

6. 利用大数据分析技术建立数据库

为了更好地了解奶牛生产性能测定过程中采集到的各种数据，我们可以建立数据库对这些数据进行管理和维护。同时，我们也可以利用大数据分析技术建立一个大型数据库，将各个牛场采集到的生产数据录入数据库中。通过数据对比分析可以

第四章　数智化技术在奶牛生产性能测定中的应用

更好地了解牛场之间存在哪些差异。

大数据分析是一种先进的分析方法，对奶牛生产性能测定过程中的数据进行分析，可以提高奶牛生产性能测定的工作效率，为育种工作和生产决策提供参考。本节主要从 DHI 系统角度对大数据分析技术在奶牛生产性能测定中的应用进行了探讨，对奶牛生产性能测定大数据分析系统的构建提出一些建议，由于数据来源不同、数据维度不同等原因，以上提出的建议还存在一些不足之处，因此下一步需要对数据来源、维度、方法等进行深入研究。

第四节　奶牛生产性能测定数据分析解读系统设计与开发

针对目前奶牛生产性能测定报告专业性强，DHI 应用存在基础研究薄弱，套用国外理论及模型，服务内容单一，数据分析解读方式较为传统、耗时费力等诸多问题。本节基于奶牛生产性能测定数据，应用统计分析软件，结合现代信息技术，研发设计了奶牛生产性能测定数据分析解读系统，实现了数据的采集、统计、分析和管理，可以帮助牧场管理者更准确地了解奶牛的营养、产奶、繁殖和效益等方面的现状，并指导生产。系统包括奶牛生产性能测定信息管理模块、测定数据统计分析模块、数据挖掘和预测分析模块，具有完善的数据库功能，对测定结果进行多维度的统计分析，并以图表等形式直观地呈现出来，为牧场提供全面的奶牛生产性能测定数据。研究表明，利用该系统可以快速准确地实现对奶牛生产性能测定数据的分析解读，对提高牧场经营决策水平具有重要意义，能够为牧场经营决策提供科学依据，对提高现代奶牛养殖经济效益具有重要意义，为奶牛育种工作提供有力支持。

一、系统需求分析

针对目前新疆生产建设兵团（以下简称"兵团"）奶牛养殖规模不断扩大，奶牛生产性能测定数据日益增多，但由于数据处理方式比较落后，数据的利用率较低等原因，牧场对测定数据的利用程度不高。随着信息化技术的不断发展，以奶牛生产性能测定数据为基础，通过应用统计分析软件开发的奶牛生产性能测定数据分析解读系统能够有效实现对奶牛生产性能测定数据的管理、分析和解读。

该系统将奶牛生产性能测定数据按业务逻辑进行分类和加工，提供专业的分析方法和技术手段，为牧场提供全面、准确的奶牛生产性能测定数据。系统应满足以下要求。

1. 操作简便，界面友好

该系统主要由基础数据录入模块、数据分析模块和数据解读模块四个部分组成。基础数据录入模块是本系统的核心，它的主要功能是将牧场的所有生产性能测定数据录入到数据库中。在这个过程中，牧场人员可以根据需要对相关的信息进行添加、修改和删除操作，无须编程，提高了工作效率。

数据处理模块是本系统的核心部分，它将牧场获取的所有生产性能测定数据进行分类和加工，使其能够存储、查询、分析和使用。该部分主要包括奶牛生产性能测定记录信息管理、奶牛生产性能测定数据处理和统计分析功能等。其中，奶牛生

第四章　数智化技术在奶牛生产性能测定中的应用

产性能测定记录信息管理实现了对奶牛生产性能测定记录的录入、修改、删除、查询等操作，并对不同种类的牛进行了详细的分类管理。该功能不仅方便了牧场人员操作，而且保证了数据库中各种信息的完整性和准确性。

2. 准确、及时地提取、存储和统计数据

（1）建立牧场基础数据信息模型

在牧场实际生产运营中，牛只个体、群体等基本信息需要经过收集、整理、汇总和存储。本系统需要根据奶牛生产性能测定数据的特点，建立以个体、群体为基本单位的奶牛基础数据信息模型，实现奶牛个体与群体数据的规范化管理。

（2）本系统需要建立牧场基础数据的统计功能模块，实现对牧场基础数据的统计、查询和维护

统计功能模块将牧场生产性能测定数据按照牛只个体、群体和牧场管理人员等进行分类和加工，通过对基本信息的设置，实现对基础数据的管理，包括基本信息维护、日统计、月统计、年统计等功能。

（3）建立数据库及报表打印模块

数据库及报表打印模块是本系统的核心功能，建立牧场基础数据和相关统计分析结果的数据库，包括奶牛生产性能测定数据的存储、查询和导出等功能，通过对相关结果的设置，实现对相关数据的统计和查询，并能够生成报表打印功能。

（4）建立牧场奶牛生产管理数据库和奶牛生产性能测定系统数据库

牧场奶牛生产管理数据库为奶牛生产性能测定系统提供数据存储空间，包括基础信息管理模块中奶牛个体、群体、牛只等基本信息以及牛只产犊时间、配种时间、分娩日期等基础信

息管理功能；奶牛生产性能测定系统数据库为奶牛生产性能测定系统提供数据存储空间。

3. 对相关数据进行深度挖掘和预测分析

基于生产性能测定数据，对牛群生产性能的变化趋势进行深度挖掘和预测分析，有助于牧场优化饲养管理，提高奶牛生产性能。系统应具有以下功能。

（1）深入挖掘生产性能数据，包括测定项目、测定数据及个体情况的挖掘。

（2）奶牛生产性能测定数据分析，包括品种、胎次、泌乳阶段、泌乳天数、产奶强度和产奶量等指标的分析。

（3）个体情况的挖掘，包括产奶量、乳脂率和乳蛋白率等指标的分析。

（4）日粮营养情况的挖掘，包括奶牛采食记录中的日粮营养成分含量和变化趋势，以及奶牛日粮配方的分析。

4. 数据管理

数据管理包括数据录入和数据导出。在录入方面，可根据奶牛生产性能测定机构的不同，实现系统对每个机构的奶牛生产性能测定数据的录入、导出等功能；在导出方面，可根据实际情况将奶牛生产性能测定数据按机构、日期等维度进行导出，可选择导出 Excel 表格、PDF 格式、CSV 格式等。

数据管理支持不同权限人员对测定数据的查询、浏览、修改等操作。管理员可以根据权限对不同机构的测定数据进行管理；管理员可对整个奶牛生产性能测定系统进行管理；普通用户可进行奶牛生产性能测定数据的查看及修改操作；普通用户可进行奶牛生产性能测定数据的下载操作。

牧场可在系统中添加或修改服务器名称和密码，也可以在

第四章 数智化技术在奶牛生产性能测定中的应用

系统中对服务器的 IP 地址、端口等信息进行设置。

系统还应支持用户自行上传与下载，在上传与下载过程中，可设置上传文件的格式，如：Excel 文档、CSV 文件等，以便于不同用户对同一奶牛生产性能测定数据进行查询、查看。

5. 系统应用目标

本系统能为牧场提供奶牛生产性能测定数据管理、分析和解读的信息化平台，在数据分析方面，通过对奶牛生产性能测定数据进行科学地分类和加工，使之更便于用户操作。同时，通过本系统的应用，提高牧场对测定数据的利用率和分析能力。

本系统应用后的主要目标如下。

①数据管理方面。建立并完善牧场奶牛生产性能测定数据库，实现对牧场所有奶牛生产性能测定数据的科学管理；为牧场提供完整、准确的奶牛生产性能测定数据。

②分析评价方面。以科学、准确、全面、及时的方式对奶牛生产性能测定数据进行分析和评价，为牧场提供多角度、多层次、全方位的信息服务。

③预测预警方面。通过对奶牛生产性能测定数据进行分析和挖掘，为牧场提供牛群变化趋势预测、育种值预测等预警功能，有效地对牛群进行科学管理。

④统计分析方面。利用系统中提供的丰富的统计分析功能，为牧场提供科学决策依据，达到提高牧场经济效益的目的。

⑤技术更新与优化。考虑到奶牛生产性能测定技术（DHI）的持续发展，系统开发应考虑到未来技术更新和优化的可能性，确保系统能够适应新的测定方法和标准。

⑥地区适应性。系统开发还应考虑到不同地区的牧场可能

存在的特定需求和条件,以确保系统的普适性和有效性。

二、系统设计与实现

1.奶牛生产性能测定信息管理模块主要功能是对奶牛生产性能测定数据进行录入、修改、查询、统计和打印,并将信息上传到数据库中,如图4-3所示。

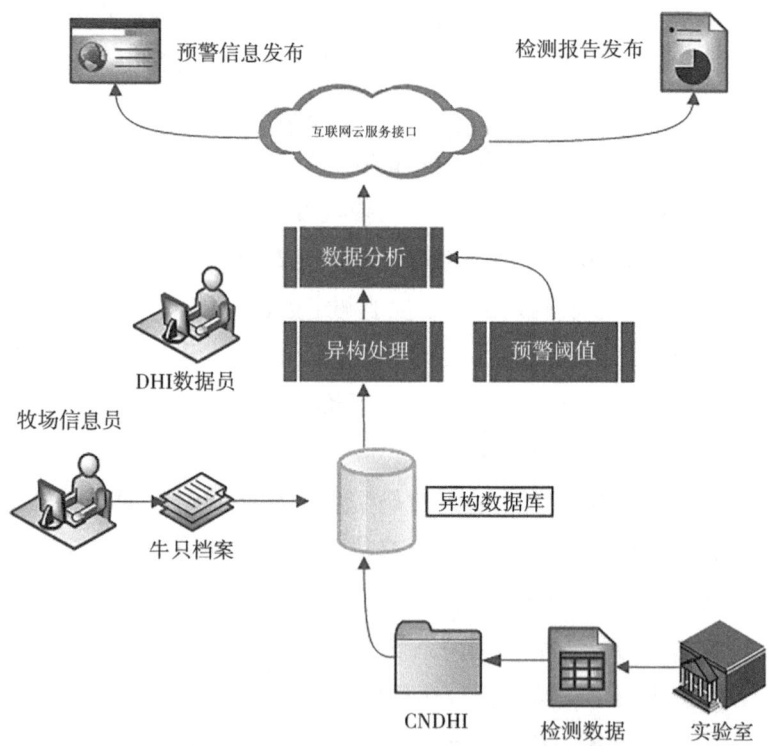

图4-3 奶牛生产性能测定数据分析解读及预警示意

第四章 数智化技术在奶牛生产性能测定中的应用

信息管理模块主要包括以下功能。

①数据录入。奶牛信息录入：该模块主要用于将测定过程中采集到的奶牛基本信息，包括奶牛编号、品种、出生日期、出生地点、测量编号、体重、胎次、产犊日期等进行自动录入。同时，为了方便数据的查询和下载，还可以根据需要对相关信息进行筛选和修改。

测定数据录入：该模块还可以对所有数据进行查询和下载，以 Excel 表格形式保存在数据库中。

数据分析模块：该模块用于对所有录入的数据进行统计分析，包括测定结果统计分析和生产性能统计分析。

②数据处理。测定结果统计分析：该模块主要用于对奶牛生产性能测定结果的统计分析，包括测定结果数据的显示、查询及导出。其中，数据显示模块可通过鼠标点击或单击菜单栏中的"结果"按钮对测定结果数据进行显示、查询及导出；查询模块可根据需要选择所需信息；导出模块可将测定结果数据以 Excel 表格形式保存到数据库中。

其中，育种值计算模块可实现对奶牛生产性能测定结果中的个体表型和全基因组基因型进行快速计算；育种值排序模块及育种值组合推荐模块可实现对奶牛生产性能测定结果中的个体表型和全基因组基因型进行快速排序及育种值组合推荐。

生产性能统计分析：该模块主要用于对奶牛生产性能相关数据的多维度分析，包括奶牛生产性能相关数据的趋势分析、牛群整体生产性能相关数据的多维分析、牛群个体生产性能相关数据的多维分析等。其中，牛群整体生产性能相关数据的多维分析主要包括牛群个体生产性能相关数据的多维分析。

③数据分析。测定结果统计分析模块主要用于对奶牛生产

性能测定相关的所有数据信息进行展示,包括基础信息、个体信息、群体信息、个体生产性能指标等。其中,基础信息包括奶牛编号、测定日期、出生日期及年龄等;个体信息包括奶牛编号、性别以及所测定的个体名称等;群体信息包括奶牛编号、年龄以及所测定的群体名称等;个体生产性能指标主要包括平均日产量、平均日奶量以及产奶量的变化情况等。

育种值统计分析模块主要用于对奶牛生产性能测定相关的所有数据进行标准化处理。其中,育种值统计分析模块主要用于对所测定的奶牛生产性能相关数据进行标准化处理,包括对奶牛编号、年龄以及所测定的年龄等;标准化处理后的结果将作为该牛群体在今后进行生产性能分析时所需的育种值计算基础。

多维度分析模块主要包括奶牛编号、遗传进展以及育种值变化情况等;同时,该模块还将与育种值变化情况相关联,从而能够快速计算出所测定的群体在今后进行生产性能分析时所需的育种值。在此基础上,该模块还可以实现对所测定群体在今后进行生产性能分析时所需的育种值计算。

2.奶牛生产性能测定数据统计分析模块主要功能是对奶牛生产性能测定数据进行分析与解读,包括以下功能。

①数据预处理。系统根据所录入的奶牛生产性能测定数据内容和格式进行预处理,包括:剔除不符合要求的数据、增加缺失值、删除重复值、调整数字范围等。

②统计分析。系统根据所录入的奶牛生产性能测定数据内容和格式进行统计分析,并将结果以图表等形式呈现出来,包括:分析结果、趋势图、散点图和柱状图等。系统根据所录入的奶牛生产性能测定数据内容和格式进行数据挖掘和预测分析,

第四章 数智化技术在奶牛生产性能测定中的应用

包括：关联规则挖掘、聚类分析和神经网络模型等算法对奶牛生产性能测定数据进行挖掘和预测分析，并将结果以图表等形式呈现出来。

3. 奶牛生产性能测定数据分析解读系统设计与实现。

为了实现 DHI 数据有效分析利用，项目组集全国各地奶牛养殖专家和计算机编程技术人员，把专家的经验数据化、模拟化、定量化，基于计算机 C#（读作 C Sharp）高级程序设计语言、互联网＋、大数据和异构数据分析技术，构建适合兵团奶牛场基于 DHI 数据的酮病预测模型和 DHI 数据分析预警模型，建立了 DHI 数据交互分析技术，开发了"DHI 数据分析解读及预警系统"，将月平均指标跟踪表等 20 种分项的 DHI 报告数据进行综合交互分析，形成较完整的 DHI 数据分析解读及预警报告，一步到位呈现给管理者有关产量、营养、健康和繁殖等多方面信息。并使用警示标识突出显示需要管理者注意的部分。使管理者不再需要从一大堆表面化的数据中辛苦地筛选和判断，大大提高了牧场的管理效率。集数据统计分析、专家解读和乳房炎、酸中毒和酮病等风险预警提示功能于一体，动态监管牧场奶牛营养、健康和繁殖性能，针对奶牛生产管理、营养、繁育和疾病防控方面可能存在问题，提出预警并以完整、科学的改进措施与建议反馈参测牧场，实现 DHI 报告的正确分析解读和应用，将 DHI 数据以目标值管理、差异管理和有效风险预警方式真正服务奶牛场生产管理，指导牛场最大限度地发挥奶牛高产稳产潜力，提高产奶量和生鲜乳质量，大大提高了 DHI 报告的利用率和使用效果。DHI 数据交互分析技术的建立与应用，更是填补了兵团奶牛生产性能测定数据分析解读及预警技术的空白。

月平均指标跟踪表（表4-1）可综合分析牛只乳脂率、乳蛋白和脂蛋比、体细胞数、体细胞分及奶损失、高峰奶、持续力、牛奶尿素氮等指标，全面总体评价参测牛场牛群泌乳性能、日粮均衡以及生鲜乳品质；关键参数变化预警表是对DHI报告中关键控制点的综合判断，在连续测定且每月参测牛只相对稳定，相邻两个月参测牛数量变化<10%的统计基础上，有针对性地分析体细胞数>50万个/mL、乳脂率<2.5%的牛头数和脂蛋白比<1.12、泌乳天数<70 d乳脂率>5.0%、尿素氮<10的牛数和尿素氮>18牛群，根据以上分析指标，对参测牛场可能存在乳房炎、慢性瘤胃酸中毒、酮病及亚临床酮病、日粮能蛋失衡等，多方面病患提出风险预警，指导牛场最大限度地发挥奶牛高产稳产潜力，提高产奶量和生鲜乳质量，指导参测牛场及时准确调整饲养管理，开展疾病防控等措施，有效降低牛群患病风险，避免造成重大经济损失（图4-4）。

表4-1 DHI报告分析

月平均指标跟踪				关键参数变化预警		
月度	2018—06	2018—07	2018—08	综合指标	2018—06	2018—07
泌乳天数（d）	179	211	201	乳脂率<2.5%	48	48
胎次（次）	2.2	2.2	2.3	脂蛋比<1.12	327	327
日奶量（kg）	32	32	31.2	乳天<70 d，乳脂率>5.0%	14	8
乳脂率（%）	3.91	3.91	4.11	尿素氮<10	94	94
蛋白率（%）	3.38	3.38	3.42	尿素氮>18	419	419
脂蛋比	1.16	1.16	1.21	体细胞>50万个/mL	29	29

第四章 数智化技术在奶牛生产性能测定中的应用

续表

月平均指标跟踪				关键参数变化预警		
月度	2018—06	2018—07	2018—08	综合指标	2018—06	2018—07
体细胞（万）个/mL	12.4	12.4	12	泌乳天数<90 d，体细胞>50万个/mL	8	7
305奶	9 629	9 803	9 856	细胞分上次小于20 6，本次大于6		
高峰奶	41.4	41.5	40.8	平均泌乳天数（d）	179	211
持续力	99.2	100	96.5	泌乳天数大于400的牛数（头）	63	78
尿素氮	17	17	17.8	产奶量下降5 kg以上的牛数（头）	66	

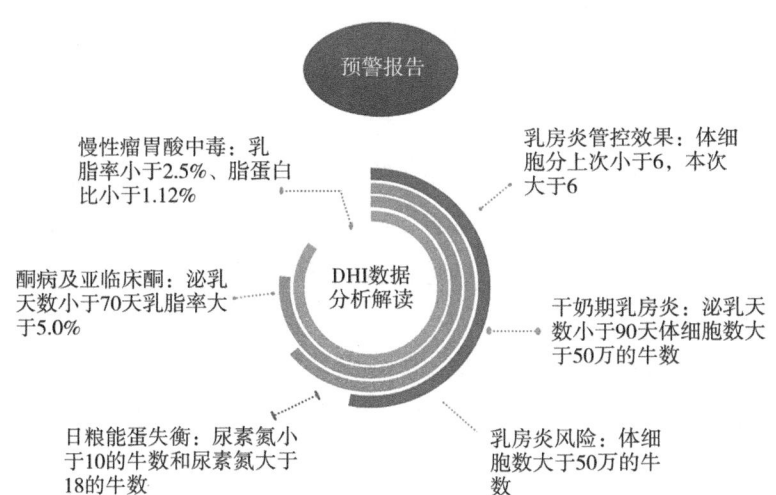

图4-4 DHI数据分析解读与预警

三、DHI 报告解读

DHI 报告解读是 DHI 环节中最重要的部分，关系到数据的正确分析与利用，且 DHI 报告只有被正确地分析和利用，才能充分发挥 DHI 的作用。报告的数智化解析一般遵循先群体后个体的原则，并将分析结果与牧场实际运营情况进行对比，数字化感知存在的问题，智能化推荐解决方案，方法如下。

1. 统计分析牛群的产奶量、乳脂率、乳蛋白率、脂蛋比、体细胞数、尿素氮、平均泌乳天数和泌乳高峰日等信息，查阅各指标是否达预定目标值，对牛群的总体情况有大概的了解。

2. 统计泌乳前期、高峰期、中期和后期各阶段牛只比例、胎次、泌乳天数、产奶量、乳脂率、乳蛋白率、体细胞和 305 d 预计产奶量等信息，了解各阶段牛只生产情况；再统计头胎牛和经产牛各泌乳阶段牛只比例、胎次、泌乳天数、产奶量、乳脂率、乳蛋白率、体细胞和 305 d 预计产奶量等信息，从中发现问题、分析问题。

3. 统计分析 1 胎、2 胎和 3 胎及以上牛只比例、产奶量乳脂率、乳蛋白率、体细胞和 305 d 预计产奶量等信息，核对胎次比例是否正常，305 d 产奶量是否达理想目标值，从中发现问题、分析问题。

4. 统计分析 1 胎、2 胎和 3 胎及以上牛只泌乳高峰日和高峰奶量情况，核对高峰日、高峰奶及峰值比是否达遗传潜力的高峰奶量，从中发现问题、分析问题。

5. 统计分析各泌乳阶段、各胎次牛群的产奶量和泌乳持续力，核对各阶段、各胎次泌乳持续力是否达理想目标值，分析查找影响泌乳持续力的各种因素。

6. 统计分析各泌乳天数时间段的牛只数量，分析查找牛群繁殖管理存在的问题。

7. 根据全群泌乳曲线，分析查找牛群营养和饲养管理存在的问题。

8. 统计分析各段产奶量牛只数量、占比、胎次、平均泌乳天数和 305 d 奶量，了解牛群的总体情况，分析查找影响牛群总体产奶量原因。

9. 统计分析产奶量下降过快牛只比例及牛只明细，通过胎次、泌乳天数和体细胞数分析、奶牛健康检查情况以及饲养管理情况，分析查找产奶量下降过快的原因。

10. 统计分析泌乳天数＞450 d 牛只比例及牛只明细，通过胎次、泌乳天数、产奶量、体细胞数分析和繁殖功能检查，分析查找繁殖管理存在的问题。

11. 统计分析体细胞数＞50 万个/mL 牛只比例、本月新增体细胞数＞50 万个/mL 牛只比例和牛只明细和连续两、三个月体细胞数＞50 万个/mL 牛只比例和牛只明细，通过分析泌乳天数、产奶量和体细胞数，分析查找体细胞数高的原因。

12. 统计分析不同泌乳阶段脂蛋比、脂蛋比异常比例及脂蛋比异常牛只明细，核对脂蛋比是否正常，脂蛋比异常的牛只比例是否超预警值，通过分析泌乳天数、乳脂率和乳蛋白率，分析查找脂蛋比异常的原因。

13. 统计分析乳脂率低于 2.5% 的牛只比例和牛只明细，核对异常值是否超预警值，分析泌乳天数、乳脂率和泌乳牛日粮，分析查找乳脂率低的原因。

14. 统计分析乳脂率高于 5.0%（泌乳天数小于 70 d）的牛

只比例和牛只明细，核对异常值是否超预警值，分析泌乳天数、乳脂率和泌乳牛日粮，分析查找乳脂率高的原因。

15.统计分析各泌乳阶段牛奶尿素氮含量及牛奶尿素氮异常的牛只明细，核对牛奶尿素氮异常值是否超预警值，对比分析泌乳天数、牛奶尿素氮、乳脂率和乳蛋白率，分析查找牛奶尿素氮异常的原因。

16.分析群体泌乳曲线、月平均指标跟踪表、关键参数变化预警表、牛群管理报告和综合测定结果表中的关键控制点：平均泌乳天数、平均日产奶量、高峰奶、高峰日、持续力、体细胞数、乳成分和尿素氮，分析查找育种繁殖、饲养管理和疾病控制方面存在的问题。针对育种繁殖，实施目标值管理，饲养管理实施偏差管理，疾病控制实施特异值管理。

四、系统应用实例

奶牛生产性能测定（DHI）分析
解读及预警报告

牧场编号：
牧场名称：
采样日期： 2023-04-12

第四章 数智化技术在奶牛生产性能测定中的应用

1. 本次测定结果

表4-2 测定值加权平均数

	产奶量	乳脂率（%）	蛋白率（%）	脂蛋比	体细胞数（万数/mL）	尿素氮（mg/dL）	平均泌乳天数（d）	高峰日（d）	产犊间隔（d）
实测值	32.3	3.66	3.18	1.16	17.76	14.8↑	268↑	63	418↑
预警值	≥27.3	3.4～4.3	2.9～3.4	1.12～1.41	<30	9.36～14.69	150～170	45～70	<410

注：测定奶牛数1 076头。

由测定值加权平均数可以看出，该牛场总体生产情况尚可，2023年4月平均产奶量达32.3 kg，乳蛋白率、乳脂率均较高，脂蛋比也处于正常范围，反映该牛场泌乳牛的营养和健康状况良好；平均体细胞数较低，仅17.76万个/mL，表明牛场乳房炎控制较好。子宫炎、蹄叶炎等炎症疾病防控良好；尿素氮14.8 mg/dL，且乳蛋白3.18%，尿素氮稍偏高，预示泌乳牛日粮蛋白质可能偏高，存在一定氮源过剩浪费，同时可能对奶牛繁殖存在一定影响，应加以调整；高峰日63 d，处于理想的60～90 d范围，表明产犊时奶牛体况较好，干奶牛和围产期牛营养和管护较好，产犊时有良好的体脂贮备，配合泌乳前期均衡充足的营养，使泌乳牛在理想时间达泌乳高峰；但平均泌乳天数268 d，偏长，超出理想平均泌乳天数150～170 d范围太多，延长了100 d，反映牛场在干奶期、围产期和泌乳前期营养与饲喂、繁殖管理和产后护理等方面存在很大问题，应及时检查并调整干奶期、围产期和泌乳前期日粮营养与饲喂，提高发情揭发率，提高繁殖效率。产犊间隔418 d，偏长，结合平均泌乳天数看，可能与泌乳后期牛只数量较多或泌乳期太长牛只有关，存在较大的奶损失，理想的奶牛繁殖周期是一年一胎，根据奶牛的产奶量，产犊间隔不同，理想范围应该在360～390 d，如果产犊间隔延长，则饲养成本增加，因此，要加强奶牛的营养与繁殖管理工作。

需要注意的是，在关注泌乳牛平均日产奶量的同时，还应关注成母牛平均日产奶量和牛群结构，因为泌乳牛平均日产奶量高，未必终身产奶量高，也就像人们常说的"高产未必高效"，只有终身产奶量高的牛群才能给牛场带来更大的经济效益；泌乳牛和成母牛均达理想产奶量才是牛场赢利的基础，成母牛平均日产奶量高，表明牛群中老弱病残和光吃不产奶的牛只比例小；合理的牛群结构是牛场发展的动力，正常情况下，成熟牛场的牛群结构为：成母牛占比65%，其中泌乳牛占比80%；干奶牛占比20%，后备牛占比35%，其中犊牛占比35%～40%；育成牛占比30%～35%，青年牛占比25%～35%。牛群结构合理，牛场才有发展的潜力和空间，科学合理的牛群结构是实现奶牛养殖高效益的一个重要因素，在奶业困境期，应压缩后备牛和低产牛数量比例，奶牛养殖场应根据市场行情，科学地规划本场的牛群结构，这样才能实现利润最大化。

数字化感知。

①尿素氮14.8 mg/dL，且乳蛋白3.18%，尿素氮稍偏高，泌乳牛日粮蛋白质可能偏高，存在一定氮源过剩浪费；

②平均泌乳天数268 d，产犊间隔418 d，偏长，牛群繁殖存在较大问题。

智能化推荐。

①优化调整日粮配方，保持日粮碳水化合物和蛋白质的平衡和同步消化，保持瘤胃降解蛋白与过瘤胃蛋白的平衡，提高氮利用率，降低MUN，以增加乳蛋白合成，提高产奶量；

②检查并调整干奶期、围产期和泌乳前期日粮营养与饲喂，提高发情揭发率，提高繁殖效率。

2. 牛群产奶情况统计

从各泌乳阶段牛只比例统计结果看（表4-3），泌乳天数200 d以前各泌乳阶段牛只比例均低于理论水平，而泌乳天数200 d以上的牛只比例明显高于理论值，表明泌乳前期的牛只比例比理论值低，而泌乳后期的牛只比例比理论值高，与理论值相反，再次反映牛场繁殖管理存在很大问题，牛场的繁殖管理在退步。目前该场平均产犊间隔为418 d，减去平均60 d干奶期，实际泌乳天数为358 d，泌乳天数≤60 d牛只比例=60/358×100%=16.76%；泌乳天数60～120 d牛只比例=（120-60）/358=60/358×100%=16.76%；泌乳天数121～200 d牛只比例=（200-120）/358=80/358×100%=22.35%；泌乳天数201 d以上牛只比例=（358-200）/358）=158/358×100%=44.13%。全群各阶段实际比例均与理论计算结果差异较大，泌乳前期牛只数量减少，泌乳后期牛只数量增多。由此可以看出，该牛场育种技术人员技术有待进一步提高，平均泌乳天数偏长，具有较大提升空间，应加强繁殖管理。

该牛场60 d以内牛只的比例比理论计算值（16.76%）低很多，表明10～11个月前，牛场的繁育工作出现较大的问题，本报告是2023年4月，也就是说2022年6—7月牛场的育种工作就出现了较大问题，分析此阶段可能是热应激所致，牛场管理人员应根据问题所在，及时改进，增设凉棚、风扇和喷淋设施等措施，缓解奶牛热应激，提高繁育率。

从平均胎次看，平均胎次仅为2.1胎，距理想的3～3.5胎有较大差距，说明牛场淘汰率较高，3胎以上牛只比例较小。一般情况，牛只生产需达到2.5胎以上才能为牛场带来效益，且荷斯坦奶牛通常情况下3～5胎时产奶量最高，平均胎次仅为2.1胎，说明很多牛只还未达泌乳高峰胎次就已被动淘汰，反映牛场泌乳牛利用年限较短，淘汰率较高，后备牛培育成本相对较高，奶牛终身产奶量低。牛场应制订合理的繁殖和淘汰计划，进一步加强营养、饲养管理、育种和疾病防控，减少被淘汰，控制年淘汰率在25%～33%，延长使用寿命，提高终身产奶量。

第四章 数智化技术在奶牛生产性能测定中的应用

表 4-3 全群牛产奶情况统计

[胎次预警值：3.0～3.5]

泌乳天数（d）	奶牛数（头）	占比（%）实际	占比（%）理论	平均胎次	泌乳天数（d）	产奶量（kg/d）	乳脂率（%）	乳蛋白率（%）	SCC（万个/mL）	SCS	校正奶（kg）	305 d 预计奶量（kg）
≤60	116	10.78↓	16.76	2	32	34.3	3.32	2.96	10	1.46	21.7	/
61～120	95	8.83↓	16.76	1.9	95	38.4	3.45	3.02	24.6	2.02	32.2	/
121～200	180	16.73↓	22.35	2.1	170	35.1	3.65	3.19	17.6	1.97	38.2	9 501.7
≥201	685	63.66↑	44.13	2.2	357	30.4	3.9	3.31	18.4	2.4	51.4	10 215.05
合计	1 076	100↑		2.1↓	268	32.3	3.76	3.23	17.9	2.19	44.3	10 072.72

注：↓表示偏低；↑表示偏高，余同。

从平均泌乳天数看，平均泌乳天数较长，超出理想平均泌乳天数 150～170 d 范围较多，表明牛场繁殖存在较大问题，存在较大的奶损失。据报道，当平均泌乳天数＞195 d 时，每头泌乳牛每天牛奶损失达 2～55 kg。从各泌乳阶段数据看，主要是 201 d 以上泌乳牛占比偏高，且平均泌乳天数太长，达 357 d。表明泌乳天数 400 d 以上牛只数量较多，泌乳天数太长，应重点检查泌乳天数 400 d 以上牛只的健康及繁殖情况，检查是否有漏报胎次和产犊信息，是否有流产，回顾这些牛在产犊时的体况和管护情况，并检查是否有产科疾病和繁殖障碍，及时淘汰低产和不孕不育等繁殖障碍牛只。

从产奶量看，各泌乳阶段产奶量变化不大，无明显泌乳高峰，预示泌乳前期奶牛的干物质采食量可能偏低，干奶期、围产期和泌乳前期牛的营养与饲养需要调整，在一定程度上影响了泌乳性能的发挥；同时我们发现，泌乳天数＞201 d 的牛只平均产奶量达 30.4 kg，该泌乳阶段的牛只平均泌乳天数达 357 d，按泌乳高峰后日产奶量下降 0.07 kg 计算，泌乳高峰应达 43 kg以上，对比检查数据可以看出，泌乳高峰提前出现，没有达到预期目标，进一步验证在干奶期、围产期和泌乳前期日粮需改进提高。

从乳脂率、乳蛋白率看，泌乳前期乳脂率正常，但乳蛋白率略偏低，预示泌乳前期牛日粮能量可能稍缺乏，导致瘤胃微生物没有足够的能量用于合成充足的菌体蛋白，导致小肠吸收的氨基酸数量不足以用于合成足够的乳蛋白；同时建议牛场检查泌乳前期奶牛干物质采食量是否偏低，影响了泌乳高峰和乳蛋白含量。

从体细胞数和体细胞分看，各阶段体细胞数控制良好，均控

第四章　数智化技术在奶牛生产性能测定中的应用

制在20万个/mL左右，是一个较为理想的水平，说明干奶期、围产期、泌乳期管理较好，挤奶程序正确，乳房炎控制较好。

如果泌乳早期体细胞数偏高，应检查干奶期乳房炎的治疗情况，因为干奶期是乳房炎治疗最佳时期，采用选择性干奶治疗并应彻底治愈临床乳房炎，低SCC奶牛干奶时使用抗生素治疗，会增加感染大肠杆菌的风险，故不建议低SCC（SCC＜20万个/mL）奶牛干奶时使用抗生素治疗，降低滥用抗生素的风险。实践证明，给干奶前检测SCC＜20万个/mL的奶牛直接使用乳头封闭剂是可行的。所有干奶牛均建议采用乳头封闭剂封闭保护乳头，但乳头封闭剂的使用方法必须正确，尽量保持卫生清洁。重点检查干奶药是否有效，产房是否清洁卫生，产期的管护是否科学合理，如果泌乳中期体细胞数高，应检查乳房药浴是否有效等。

从校正奶看，各阶段校正奶随泌乳期的延长校正奶逐步增加，泌乳后期达最高，表明泌乳前期牛没有泌乳后期牛表现好，也就是说泌乳前期牛的营养和饲养管理存在问题，生产潜力没有充分发挥，随着泌乳期的延长，泌乳牛食欲恢复正常，干物质采食量增加，生产性能逐步发挥。泌乳后期校正奶达51.4 kg，产奶量达30.4 kg，应检查干奶料向新产料转换时，是否有7～10 d过渡期。因为奶牛是反刍家畜，日粮改变应循序渐进，瘤胃细菌繁育需要6～10 d，但瘤胃乳头需要适应几周时间，所以有7～10 d的过渡期是非常必要的，并保持新产料至少2周的适应期。同时新产料向高产料更换时，也应有7～10 d过渡，并确保新产和高产日粮易消化，营养浓度高，使新产和高产日粮搭配科学合理，营养均衡，能蛋平衡。

从305 d预计产奶量看，各阶段305 d预计产奶量随泌乳期的增加而增加，泌乳后期达最高，变化规律与校正奶相同，再次表明泌乳前期牛没有泌乳后期表现好，生产性能没有充分发挥，牛场应加强泌乳前期的营养和管理，充分发挥泌乳前期牛生产性能。

数字化感知。

①泌乳前期的牛只比例比理论值低，而泌乳后期的牛只比例比理论值高，与理论值相反，再次反映牛场繁殖管理存在很大问题；

②平均胎次仅为2.1胎，距理想的3～3.5胎有较大差距，说明牛场淘汰率较高；

③201 d以上泌乳牛占比偏高且平均泌乳天数太长，达357 d，表明泌乳天数400 d以上牛只数量较多；

④从产奶量看，各泌乳阶段产奶量变化不大，无明显泌乳高峰；

⑤从乳脂率、乳蛋白率看，泌乳前期乳脂率正常，但乳蛋白率略偏低，预示泌乳前期牛日粮能量可能稍缺乏；

智能化推荐。

①繁育技术人员加强繁殖管理，分析查找原因，及时改进，检查并调整干奶期、围产期和泌乳前期日粮营养与饲喂，提高发情揭发率，提高繁殖效率；

②牛场应制订合理的繁殖和淘汰计划，进一步加强营养、饲养管理、育种和疾病防控，减少被动淘汰，控制年淘汰率在25%～33%，延长使用寿命，提高终身产奶量；

③重点检查泌乳天数400 d以上牛只健康及繁殖情况，检查是否有漏报胎次和产犊信息，是否有流产，回顾这些牛在产犊时的体况和管护情况，并检查是否有产科疾病和繁殖障碍，及

第四章 数智化技术在奶牛生产性能测定中的应用

时淘汰低产和不孕不育等繁殖障碍牛只;

④加强干奶期、围产期和泌乳前期牛的营养调控与饲养管理。

从泌乳天数看,该场泌乳后期的头胎牛有229头,占比达53%,平均泌乳天数竟然高达334 d,经产牛有456头,占比高达70.8%,平均泌乳天数也高达369 d,表明牛场的繁殖管理存在很大问题,重点加强以下几方面的管理,一是产房管理可能存在问题,检查产期的管护是否合理;生产过程中是否存在不科学的人为干预,产道是否损伤,产后护理是否规范;是否存在子宫炎、子宫内膜炎等疾病;泌乳前期是否存在瘤胃酸中毒现象;二是泌乳前期奶牛营养和管理可能存在较大问题;分群是否合理,是否作到头胎牛与经产牛分开,单独成群饲养管理,且头胎牛日粮营养应在饲养标准基础上增加20%。在泌乳后期,在饲养标准基础上增加30%~40%,二胎及以上在饲养标准基础上增加20%,为下一胎次的高产做准备,在干奶、围产和新产料中增加维生素A、维生素D、维生素E、硒和微生物制剂;三是泌乳牛繁殖管理需进一步加强,提高繁殖效率。

从产奶量、校正奶和305 d预计产奶量看(表4-4,表4-5),头胎牛较经产牛均取得较好的成绩,头胎牛平均产奶量超过经产牛平均产奶量,表明牛场使用了优质冻精,且头胎牛管理良好,而经产牛管理存在较大问题,从体细胞数看不是乳房炎导致产奶量下降,应检查以下几方面工作是否做到位:①产犊时体况评分是否合适,头胎牛体况3.25~3.5分为宜,经产牛体况3.5~3.75分为宜;②上胎次泌乳后期(泌乳天数>201 d)日粮营养是否平衡,泌乳后期应在饲养标准的基础上增加20%的营养,使牛只在泌乳后期就获得理想的体况评分,在随后的干奶期保持理想体况即可,而不是在干奶期再获得理想的体况，这样是较为经济的；③干奶牛日粮营养是否科学合理，是否使用高纤低能的干奶日粮，通过添加纤维高、能量低、蓬松的无污染、无霉变预铡至 3～5 cm 的干草，如稻草、玉米秸、麦秸、羊草等，降低日粮的能量浓度（1.3 Mcal/kg DM），减少混合不均和挑食的发生，提高奶牛的采食量（1.8%～2% 体重），维持奶牛的瘤胃充盈度和饱腹感，同时要尽量减少外来因素对于奶牛的应激，比如原料或日粮变化过大、饲养密度＞80%、频繁调群（比如怀孕青年牛产前 30 d 直接转入围产前期群）、畜舍环境不佳、地面不平、热应激、每天超过 10～12 h 的光照等各种不当的操作；④产后护理和监控是否到位，是否有产乳热和酮病等代谢性疾病发生，产后是否存在严重的能量负平衡导致体况下降很多，产后 3 d 是否进行代谢病预防性灌服药物，灌服钙剂、丙二醇、氯化钾、硫酸镁、阿司匹林及酵母培养物等微生物制剂。

从乳脂率、乳蛋白率看，泌乳前期，乳蛋白率低于 3.0%，表明奶牛干物质采食量不足，日粮能量不足，瘤胃微生物蛋白合成不足，代谢受阻；或产犊时奶牛体况偏低，泌乳早期日粮能量/淀粉不足，非结构性碳水化合物（NSC）＜35%；日粮蛋白质含量偏低，氨基酸不平衡，日粮中可溶性蛋白或非蛋白氮含量高，瘤胃降解蛋白和过瘤胃蛋白比例不平衡，日粮中添加了脂肪，或产奶量上升过快，乳蛋白下降。

从体细胞数和体细胞分看，该场体细胞数和体细胞分均不高，且头胎牛各泌乳阶段体细胞数和体细胞分均低于经产牛，符合正常规律，表明该场乳房炎防控效果好，挤奶操作正确，乳头药浴效果好，干奶牛治疗有效，产房清洁无污染，围产期管理正常。

第四章 数智化技术在奶牛生产性能测定中的应用

表 4-4 头胎牛产奶情况统计

泌乳天数(d)	奶牛数(头)	占比(%)	泌乳天数(d)	产奶量(kg)	乳脂率(%)	乳蛋白率(%)	SCC(万个/mL)	SCS	校正奶(kg)	305 d 预计奶量(kg)
≤60	59	13.66	35.2	31.8	3.25	2.92	4.9	1.32	21	/
61~120	56	12.96	90.9	35.8	3.49	2.98	19.3	1.82	31.2	/
121~200	88	20.37	166.8	33.7	3.6	3.2	10.6	1.69	38	8 829.24
≥201	229	53.01	334.3	31.3	3.89	3.32	11.4	2.07	54	9 054.41
合计	432	100	227.8	32.5	3.69	3.2	11.3	1.86	43.3	8 997.35

表 4-5 经产牛产奶情况统计

泌乳天数(d)	奶牛数(头)	占比(%)	泌乳天数(d)	产奶量(kg)	乳脂率(%)	乳蛋白率(%)	SCC(万个/mL)	SCS	校正奶(kg)	305 d 预计奶量(kg)
≤60	57	8.85	29	37	3.39	3.01	15.3	1.6	22.5	/
61~120	39	6.06	100	42.2	3.38	3.07	32.2	2.31	33.7	/
121~200	92	14.29	174	36.5	3.69	3.18	24.4	2.23	38.5	10 042.6
≥201	456	70.81	369	30	3.91	3.3	21.9	2.57	50	10 779.82
合计	644	100	295	32.2	3.8	3.24	22.3	2.42	44.9	10 654.22

数字化感知。

（1）头胎、经产泌乳后期牛只比例过大，繁殖管理存在较大问题；

（2）头胎牛表现良好，经产牛饲养管理存在一定问题；

（3）泌乳前期牛只平均乳蛋白率偏低；

智能化推荐。

（1）重点加强以下几方面的管理，一是产房管理可能存在问题，检查产期的管护是否合理，生产过程中是否存在不科学的人为干预，产道是否损伤，产后护理是否规范，是否存在子宫炎、子宫内膜炎等炎症疾病，泌乳前期是否存在瘤胃酸中毒现象；二是泌乳前期奶牛营养和管理可能存在较大问题，分群是否合理，是否做到头胎牛与经产牛分开，单独成群饲养管理，且头胎牛日粮营养应在饲养标准基础上增加20%，在泌乳后期，在饲养标准基础上增加30%～40%，二胎及以上在饲养标准基础上增加20%，为下一胎次的高产做准备，在干奶、围产和新产料中增加维生素ADE硒和微生物制剂；三是泌乳牛繁殖管理需进一步加强，提高繁殖效率。

（2）应检查以下几方面工作是否做到位：①产犊时体况评分是否合适，头胎牛体况3.25～3.5分为宜，经产牛体况3.5～3.75分为宜；②上胎次泌乳后期(泌乳天数＞201天)日粮营养是否平衡，泌乳后期应在饲养标准的基础上增加20%的营养，使牛只在泌乳后期就获得理想的体况评分，在随后的干奶期保持理想体况即可，而不是在干奶期再获得理想的体况，这样是较为经济的；③干奶牛日粮营养是否科学合理，是否使用高纤低能的干奶日粮，通过添加纤维高、能量低、蓬松的无污染、无霉变的预铡至3～5cm的干草，如稻草、玉米秸、麦

第四章 数智化技术在奶牛生产性能测定中的应用

秸、羊草等，降低日粮的能量浓度（1.3Mcal/kgDM），减少混合不均和挑食的发生，提高奶牛的采食量（1.8%～2%体重），维持奶牛的瘤胃充盈度和饱腹感，同时要尽量减少外来因素对于奶牛的应激，比如原料或日粮变化过大、饲养密度大于80%、频繁调群（比如怀孕青年牛产前30天直接转入围产前期群）、畜舍环境不佳、地面不平、热应激、每天超过12小时的光照等各种不当的操作；④产后护理和监控是否到位，是否有产乳热和酮病等代谢性疾病发生，产后是否存在严重的能量负平衡导致体况下降很多，产后3天是否进行代谢病预防性灌服药物：灌服钙剂、丙二醇、氯化钾、硫酸镁、阿司匹林及酵母培养物等微生物制剂。

（3）提高奶牛干物质采食量，优化日粮能量供给，满足瘤胃微生物蛋白合成需要；控制产犊时奶牛体况正常，优化泌乳早期日粮能量/淀粉供给，非结构性碳水化合物（NSC）<35%；优化日粮蛋白质结构，氨基酸平衡，保持瘤胃降解蛋白和过瘤胃蛋白比例的平衡。

从胎次比例看（表4-6），该牛场1胎：2胎：3胎及以上＝40：27：33，与理想的胎次结构相比，头胎牛高了10%，2胎高了7%，3胎及以上比例低了17%，表明牛场可能在发展分段，也可能在扩群。理想的胎次结构是保证牛场高产、稳产的基础，也是牛场在抵御低迷行情时的生存之道，是保证每年都有新的牛群更替的必要条件，因此，牛场必须根据市场行情对牛群结构进行科学的规划，制订合理的繁育方案，逐渐将牛群结构调整到合理化，从而达到最大的经济效益。

表 4-6 胎次分类情况统计

胎次	奶牛数（头）	百分比		泌乳天数（d）	产奶量（kg）	乳脂率（%）	乳蛋白率（%）	SCC（万/mL）	校正奶（kg）	305 d 预计奶量（kg）	
		实测值	预警值							实测值	预警值
1	432	40.15	30	228	32.5	3.69	3.2	11.3	43.3	8 997.35 ↓	≥9 580
2	294	27.32	20	348	32.5	3.81	3.28	19.2	52.2	10 841.16	≥10 711
≥3	350	32.53 ↓	50	250	32	3.79	3.22	24.9	38.9	10 478.04 ↓	≥10 504
合计	1 076	100	/	268	32.3	3.76	3.23	17.9	44.3	10 072.72	/

第四章　数智化技术在奶牛生产性能测定中的应用

从平均泌乳天数看，泌乳天数随胎次的增加而增大，以 2 胎增加最多，反映该牛场繁殖管理和产后护理存在问题较多，尤以 2 胎问题更为突出，应加强干奶期、围产期营养调控与饲养管理，降低产乳热和酮病等代谢病发病率，经产牛产后 3 d 及时连续进行代谢病预防性灌服药物，灌服钙剂、丙二醇、氯化钾、硫酸镁、阿司匹林及酵母培养物等微生物制剂，尽可能降低能量负平衡的影响，尽快恢复奶牛体况和健康，提高发情揭发率，提高繁殖效率，从而达到提高经济效益目的。

从各胎次平均产奶量看，1 胎平均产奶量 32.5 kg，2 胎 32.5 kg，3 胎及以上 32.0 kg，可以看出，头胎牛生产性能表现最好，表明牛场使用了优质冻精，而 2 胎、3 胎及以上泌乳牛表现不好，没有达到预期生产水平，表明泌乳牛营养和饲养管理存在较大问题，应检查在上 1 胎次的泌乳后期（泌乳期后 1/3）日粮营养是否在饲养标准基础上增加了 20%，使泌乳牛体况在泌乳后期得到恢复，使体况评分达 3.0～3.5 分，以 3.25 分为最佳，并在干奶期和围产期保持该体况在理想范围，加强围产期的管护，减少疼痛等应激影响，产后连续 3 d 及时进行代谢病预防性灌服药物，灌服钙剂、丙二醇、氯化钾、硫酸镁、阿司匹林及酵母培养物等微生物制剂，减少产乳热、酮病等代谢病发病率，提高干物质采食量，均衡营养，控制能量负平衡和体况损失，提高产奶量。

从乳成分结果来看，该牛场乳脂率、乳蛋白率均较高，但头胎牛乳脂率、乳蛋白率较经产牛偏低，表明头胎牛的日粮营养和饲养管理需进一步改善和提高，头胎牛应当与经产牛分开饲养，检查头胎牛日粮的能量和蛋白及过瘤胃蛋白是否满足产奶和生长需要，头胎牛日粮营养应在饲养标准基础上提高 20%，以满足产奶和生长的需要。

从体细胞数看，该牛场的体细胞数控制较好，且各胎次体细胞数均在理想范围，表明该牛场乳房炎等炎症疾病防控效果好，干奶牛治疗有效，干奶药效果良好，挤奶程序正确，药浴效果好，牛群乳房健康状况好，同时也反映围产期管护较好，无子宫炎、子宫内膜炎和产道损伤情况。

从 305 d 预计产奶量看，除 2 胎外，1 胎和 3 胎及以上 305 d 预计产奶量均未达理想目标值，表明奶牛的营养和管理存在较大问题，以头胎牛差距更明显，应加强头胎牛的营养和管理，头胎牛单独成群饲养，应在饲养标准的基础上增加 20%，满足生长和泌乳的需要。

数字化感知。

①各胎次比例不合理；

②平均泌乳天数随胎次增加而增大；

③各胎次产奶量变化不大，无明显泌乳高峰，头胎牛表现最好；

智能化推荐。

①牛场必须根据市场行情对牛群结构进行科学的规划，制定合理的繁育方案，逐渐将牛群结构调整到合理化，从而达到最大的经济效益。

②应加强干奶期、围产期营养调控与饲养管理，降低产乳热和酮病等代谢病发病率，经产牛产后 3 d 及时连续进行代谢病预防性灌服药物：灌服钙剂、丙二醇、氯化钾、硫酸镁、阿司匹林及酵母培养物等微生物制剂，尽可能降低能量负平衡的影响，尽快恢复奶牛体况和健康，提高发情揭发率，提高繁殖效率，从而达到提高经济效益目的。

③泌乳牛营养和饲养管理存在较大问题，应检查在上一胎

第四章　数智化技术在奶牛生产性能测定中的应用

次的泌乳后期（泌乳期后 1/3）日粮营养是否在饲养标准基础上增加了 20% 营养，使泌乳牛体况在泌乳后期得到恢复，使体况评分达 3.0～3.5 分，以 3.25 分为最佳，并在干奶期和围产期保持该体况在理想范围，加强围产期的管护，减少疼痛等应激影响，产后连续 3 d 及时进行代谢病预防性灌服药物：灌服钙剂、丙二醇、氯化钾、硫酸镁、阿司匹林及酵母培养物等微生物制剂，减少产乳热、酮病等代谢病发病率，提高干物质采食量，均衡营养，控制能量负平衡和体况损失，提高产奶量。

3. 高峰奶、高峰日和持续力

该牛场体细胞数较低，表明乳房健康良好，可排除乳房炎的影响，可从体况评分、后备牛培育、新产牛的管护、泌乳早期营养、产后疾病并发症、挤奶不完全、干奶围产牛管理等方面查找原因。从高峰日、高峰奶量数据统计表可以看出（表 4-7），该牛场泌乳高峰日出现时间处于正常值范围内，头胎牛高峰日 67 d 出现，2 胎及以上经产牛在 60 d 以前出现泌乳高峰，头胎牛泌乳高峰比经产牛来得迟一些，持续时间比经产牛持续时间长，且下降比经产牛平缓，结合产奶量看，高峰日仍有前移的空间，高峰奶量未达理想值，应加强干奶期、围产期和泌乳前期牛的营养调控和饲养管理，调节泌乳后期牛群的适宜体况，调整干奶围产期牛群健康，提高干物质采食量，对新产牛群实施精细化管理，日粮平稳过渡，提高牛群的健康水平，提高高峰奶量；头胎牛高峰奶量 34.4 kg，没有达到泌乳高峰的理想目标值 37.5 kg，2 胎高峰奶量 38.4 kg，也没有达到 2 胎泌乳高峰的理想目标值 47.5 kg，3 胎及以上高峰奶量仅 40.6 kg，距 3 胎及以上泌乳高峰的理想目标值 50 kg 相差较远，表明各胎次泌乳前期奶牛营养和饲养管理存在较大问题，生产性能没有得到有效发挥,向前追溯,可能是干奶期、围产期和泌乳前期牛的营养和饲养管理存在问题,经产牛问题更为明显。

表4-7 高峰日、高峰奶量情况统计

胎次	奶牛数（头）	高峰日（天）		高峰奶量（kg）		峰值比		
		实际值	预警值	实际值	预警值		实际值	预警值
1	140	67	60～110	34.4↓	≥37.5	1:2	89.58↑	77～78
						1:3+	84.73↑	74～75
2	36	57	45～70	38.4↓	≥47.5	2:3+	94.58↓	96～97
≥2	108	57	/	39.9↓	/	1:2+	86.2↑	75～80
≥3	72	58	45～70	40.6↓	≥50	/		/
汇总	248	63	/	36.8	/	/		/

注:胎次峰值比,1:2指1胎和2胎比,1:3+指1胎和3胎及以上比;2:3+指2胎和3胎及以上比;1:2+指1胎和2胎及以上比。

峰值比:头胎与2胎、头胎与2胎及以上、头胎与3胎及以上峰值比分别为89.58%、86.2%和84.73%,均高于理想目标值的上限,表明头胎牛生产性能表现较好,可能使用了优质冻精,同时也说明2胎及以上奶牛未达到理想泌乳高峰,生产性能没有充分发挥。2胎次和3胎次及以上奶牛的峰值比为94.58%,略低于理想目标值的下限,说明2胎次奶牛生产性能没有充分发挥,没有达到预期高峰奶量,应检查日粮营养和饲养管理是否存在问题,回顾头胎牛是否与经产分群饲喂,产犊时体况是否正常,头胎泌乳后期的营养是否考虑了生长的需要等影响。

数字化感知。

(1)高峰日正常,但高峰奶量未达理想值;

(2)头胎与2胎、头胎与2胎及以上、头胎与3胎及以上

第四章　数智化技术在奶牛生产性能测定中的应用

峰值比均高于理想目标值的上限。

智能化推荐。

（1）从体况评分、后备牛培育、新产牛的管护、泌乳早期营养、产后疾病并发症、挤奶不完全、干奶围产牛管理等方面查找原因。加强干奶期、围产期和泌乳前期牛的营养调控和饲养管理，调节泌乳后期牛群的适宜体况，调整干奶围产期牛群健康，提高干物质采食量，对新产牛群实施精细化管理，日粮平稳过渡，提高牛群的健康水平，提高高峰奶量。

（2）表明头胎牛生产性能表现较好，可能使用了优质冻精，同时也说明2胎及以上奶牛未达到理想泌乳高峰，生产性能没有充分发挥，建议考虑以下四个方面的因素：①奶牛产犊时体况是否正常；②奶牛产后是否发生胎衣不下、产乳热、酮症、子宫炎、第四胃变位等代谢性疾病，能量负平衡较明显，造成体膘损失过多，限制奶牛达到高峰的能力；③日粮配方设计与制作是否合理，能量供给是否充足。新产牛日粮应提供优质牧草，在支持泌乳的同时也要提供足够的中性洗涤纤维（NDF），以促进瘤胃纤维和淀粉微生物之间的过渡。因此，在这些日粮中，粗饲料比例通常较高，建议选择优质豆科牧草＋燕麦作为粗饲料的主要来源。

从泌乳持续力数据可以看出（表4-8），该牛场泌乳持续力较好，但高峰奶未达理想值，这也是奶牛获得高产的另一种方法，虽然没有理想的高峰产奶量，但在整个泌乳期内保持较长时间的稳定水平。这是该牛场保持较高产奶量的原因，但与理想的高峰奶量相比，仍有较大的奶损失。群体平均泌乳持续力的正常范围是95%～105%，泌乳高峰过后泌乳持续力的理想范围为93%～95%。

表 4-8 泌乳持续力情况统计

泌乳天数	1~99 d			100~200 d			>200 d			全群	
胎次	产奶量(kg)	持续力 实测	预警值	产奶量(kg)	持续力 实测	预警值	产奶量(kg)	持续力 实测	预警值	产奶量(kg)	持续力
1	33.1	104.2↑	≥98	34.3	103.1↑	≥96	31.3	99.3↑	≥95	32.5	100.7
2	37.2	115.6↑	≥94	37.5	99.3↑	≥92	31.5	99↑	≥91	32.5	99.4
≥3	39.3	114↑	≥94	37.1	98.3↑	≥91	28.3	94.1↑	≥90	32	96.1
汇总	35.5	109.8	/	35.8	100.8	/	30.4	97.6	/	32.3	98.8

第四章　数智化技术在奶牛生产性能测定中的应用

数字化感知。

各阶段泌乳持续力较好。

智能化推荐。

预示上一阶段的生产性能没有得到充分发挥，大部分泌乳牛没有达到正常的泌乳高峰，应检查产犊时体况是否正常，上一阶段泌乳牛日粮不均衡，干物质采食量不足，是否患乳房炎或代谢病；泌乳持续力低，预示当前泌乳牛日粮可能没有满足奶牛产奶需要，营养不均衡或缺乏能量，能量负平衡严重，牛只体膘损失较多，或者乳房受感染、挤奶程序、挤奶设备等其他方面存在的问题。

4. 牛群繁殖状况

数字化感知。

从图 4-5 可以看出，该牛场泌乳后期牛只比例较大，200 d 以上泌乳牛只占比高达 63.7%，且泌乳天数在 305 d 以上牛只超过 342 头，占比高达 32%，反映牛群的繁殖状况存在严重问题，应检查是否存在繁殖障碍和流产，导致产犊间隔延长，存在较大的奶损失。

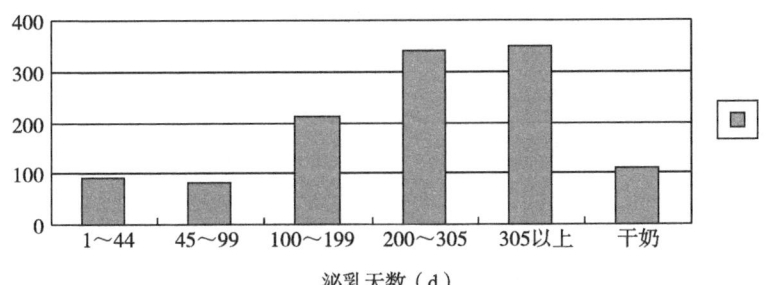

图 4-5　不同泌乳阶段牛只数量

智能化推荐。

优化奶牛繁殖性能的3种方法。

①缩小能量差距。在泌乳早期，根据产奶量的高低，一般奶牛6～12周达泌乳高峰，而采食高峰较泌乳高峰迟6～8周出现，奶牛不可避免地处于能量负平衡，预示着它们无法摄入所需的充足的能量，因此会失去一定的体膘。在这个关键时期，应加强奶牛的营养调控和管理，最大限度地控制和减少体膘。

一种可行的办法就是提高奶牛的干物质采食量，为奶牛提供充足的能量供给。在临近分娩时，奶牛的采食量可能降低35%。在产犊之前，这种采食量下降再加上开始哺乳随产奶量的增加，能量需要量会急剧增加，进一步推动奶牛进入能量负平衡。

在泌乳早期，通常推荐饲喂纤维、淀粉和糖类适宜、优质的牧草，提高干物质采食量，恢复奶牛瘤胃的功能。

②提高奶牛的免疫力，改善奶牛健康状况。泌乳早期通常是奶牛的高应激的时期，因为在这期间，奶牛经历了生理和营养方面的巨大变化。为提高奶牛的繁殖性能，在泌乳早期应确保奶牛有一个最佳的健康和免疫状态。

有些奶牛由于产犊后胎衣不下和子宫炎而有较高的子宫感染风险。子宫感染和卵巢囊肿等问题对奶牛的繁殖性能产生严重负面影响。繁殖性能与奶牛的营养、健康状况密切相关，微量元素起着至关重要的作用，微量元素参与生殖激素的合成，有效降低炎性物质的产生，有利于胚胎着床和胎儿的生长发育。在奶牛产犊时，必需的微量元素硒对维持奶牛健康的免疫系统发挥关键的作用；其他的必需微量元素，如铜、锌、锰、钙、磷和镁，在排卵和循环中起着关键的作用。如果常量和微量元素两者中任何一种缺乏，都有可能出现乏情期。

第四章 数智化技术在奶牛生产性能测定中的应用

虽然在奶牛日粮中微量元素的添加量很重要，但是微量元素的生物学效价将决定其吸收利用率。通常微量元素以无机盐的形式饲喂，然而研究发现，以有机物形式饲喂必需的微量元素，如蛋白质螯合态矿物质，奶牛的吸收利用率更高。与以饲喂无机盐形式相比，当以丙酸盐形式微量元素饲喂时可获得较好的利用率，改善繁殖性能和免疫状况。

③改善瘤胃健康。瘤胃的功能直接参与奶牛能量的代谢，健康的瘤胃有助于奶牛从日粮中获得更多能量和营养物质。

胃肠道吸收营养物质的增加可提高奶牛的生产性能，减少奶牛从自己的体膘储备摄取这些有价值的营养的需要。这种体膘储备的消耗是奶牛健康和繁殖障碍的核心。

由于日粮的突然改变，瘤胃内的微生物难以适应。因此，建议在妊娠后期和泌乳前期，奶牛从高纤低能的干奶牛日粮逐渐过渡到高能量的泌乳日粮。在此期间，日粮中淀粉和糖的突然增加会造成瘤胃 pH 值的快速下降。在泌乳早期的能量负平衡期间，日粮的突然改变会引起瘤胃功能失调，导致酸中毒，降低采食量。

产犊前后，奶牛日粮不应变化太大，使瘤胃微生物逐步适应日粮的变化，激发活力并有效地消化饲料，这将有助于奶牛顺利过渡到泌乳。

5. 全群泌乳曲线

由泌乳曲线可以看出（图 4-6），该场泌乳初期初始泌乳量近 30 kg，说明奶牛产犊时体况较好，具备上泌乳高峰的体况和能力，但泌乳高峰仅 36.8 kg，未达预期高峰即不再上升，高峰日为 63 d，说明干奶期、围产期和泌乳前期奶牛的营养和饲养管理存在较大问题，从干奶至泌乳的围产期是奶牛生命周期中最具代谢挑战性的时期。因营养的摄入量满足不了奶产量的营养需要，而且此时期极易导致代谢紊乱和感染性疾病的发生。

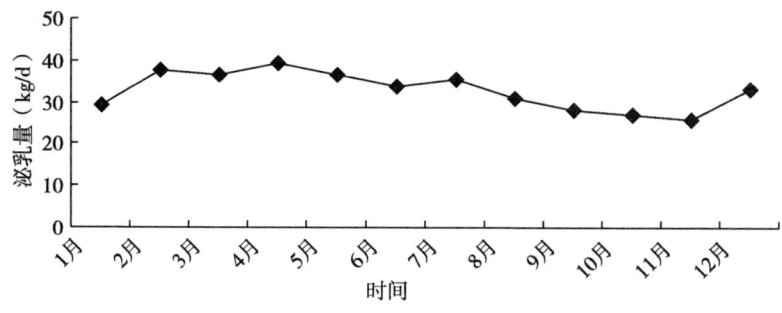

图 4-6　全群泌乳曲线

产前良好的健康管理，产后科学的接产、助产、护理为牧场带来的就是牛群的健康高产，良好的健康管理为未来的高产打下坚实基础。

数字化感知。

该场泌乳初期初始泌乳量近 30 kg，说明奶牛产犊时体况较好，具备上泌乳高峰的体况和能力，但泌乳高峰仅 36.8 kg，未达预期高峰即不再上升。

智能化推荐。

应使干奶期、围产期和泌乳前期奶牛干物质摄入量最大化，因为产前的采食量在一定程度上影响产后健康，应重视干奶期的管理，卧床的舒适度管理应比泌乳牛更加细致，日粮颗粒度的标准也与泌乳牛的标准接近，围产期加强管理，利用复合微生态技术，有效抗氧化应激，调控血钙，使牛群采食量最大化并趋于稳定。随着产前采食量的提升，产后采食量提升明显，使新产牛采食量稳定在 22 kg 以上,大大缩短能量负平衡的持续期,降低各类疾病的发病率,在产后 60 d 左右达泌乳高峰,提高高峰奶量,进一步提高产奶量。

6. 305 d 预计产奶量分类统计

数字化感知。

表 4-9 数据可以看出,该场 10 t 以上牛只占比 39.8%,305 d 预计产奶量达 11.6 t 以上,8～10 t 牛只占比 26.7%,305 d 预计产奶量达 9 t;6～8 t 占 9.2%,4～6 t 占 1.2%,4 t 以下牛只占比 0.46%。

表 4-9　305 d 预计产奶量统计

产奶量(kg)	奶牛头数(头)	占比(%)	平均胎次	平均泌乳天数(d)	305 d 预计奶量(kg)
>10 000	428	39.78	2.4	331	11 591
9 500～10 000	82	7.62	2.1	311	9 759.43
9 000～9 500	89	8.27	2	313	9 263.21
8 500～9 000	61	5.67	1.9	283	8 764.79
8 000～8 500	55	5.11	1.7	305	8 293.65
7 500～8 000	47	4.37	1.5	280	7 780.94
7 000～7 500	19	1.77	1.8	322	7 281.89
6 000～7 000	33	3.07	2.1	280	6 512.64
4 000～6 000	13	1.21	2.3	236	5 200.46
<4 000	5	0.46	2.2	365	3 494.2
合计	1 076	100	2.1	268	10 072.72

从平均泌乳天数看（表4-10），10 t以上牛群平均泌乳天数太长，达331 d，表明这群高产牛的繁殖存在较大问题。

表4-10 305 d预计产奶量（前50）

序号	牛号	胎次	泌乳天数（d）	产奶量（kg）	前奶量（kg）	SCC（万/mL）	305 d预计奶量
1	184801	3	237	2	47.2	73	17 002
2	184877	2	557	8	22.5	28.7	15 576
3	184693	2	519	10	18.8	31.7	15 543
4	184755	2	531	2	64.6	34.7	15 489

智能化推荐。

以10 t以上牛群为基础建立核心群，选用优质性控冻精进行扩繁，提高群体产奶量；305 d预计奶量6 t以下牛只是不会给牛场带来效益的，对低产低效牛只建议育肥后淘汰。

应及时查找10 t以上牛群平均泌乳天数太长的原因，采取必要的技术措施，加强干奶、围产期奶牛营养调控，加强围产和新产期奶牛管护，提高奶牛产后60 d内的健康水平，把控繁殖细节，提高发情揭发率，提高繁殖效率。

7. 产奶量下降过快牛只比例及牛只明细

通过对比连续两个月产奶量的变化情况，可以检验饲养管理是否科学合理，日粮配制是否得当，疫病防控措施是否正确，应激预防措施是否有效等。

产奶量下降过快是指与上次产奶量相比，产奶量下降5 kg以上的牛只比例和牛只明细。正常情况下，泌乳高峰过后，荷斯坦奶牛每月产奶量下降幅度约±7%，不应超过10%，该牛场有217头牛产量下降幅度超5 kg以上，达20.2%，超过预警

第四章 数智化技术在奶牛生产性能测定中的应用

值<15%，应引起牛场奶牛场场长与技术人员的注意，要高度重视此报告，结合泌乳天数和体细胞数，认真查找产奶量大幅下降的原因，通过泌乳天数，观察判断奶牛是否是因为发情等生理应激因素导致产奶量下降，通过体细胞数，可分析判断奶牛是否患乳房炎、子宫炎等炎症疾病导致产奶量下降（表4-11）。

表4-11 产奶量下降过快牛只统计　　　（参考值：<15%）

牛头数（头）	百分比（%）	胎次	泌乳天数（天）	SCC（万个/mL）	上次产奶量（kg）	本次产奶量（kg）	平均奶差（kg/头）
217	20.17↑	2.62	214	17	44.17	30.02	14.2

注：本月"产量下降过快牛只"比例。

因此首先应检查数据记录是否有误，并委派兽医到牛舍实际查看牛只健康状况，找准原因及时解决。

数字化感知。

从产奶量下降过快牛只明细表可以看出，产奶量下降最大的4头牛只，产奶量下降达34～42 kg/d，泌乳天数为220 d以后，应该不是发情因素导致，体细胞数也不高，排除乳房炎等炎症因素影响的可能，如果泌乳天数是60～80 d，应结合发情监测系统和牛只趴跨情况综合判断是否因奶牛发情所致（表4-12）。

表4-12 产奶量下降过快牛只明细

序号	牛号	胎次	泌乳天数（d）	SCC（万个/mL）	上月产奶量（kg）	本月产奶量（kg）	产奶量差异（kg）
1	162683	5	232	13	52.2	10.3	42
2	184575	3	219	1	46.6	12.6	34

续表

序号	牛号	胎次	泌乳天数（d）	SCC（万个/mL）	上月产奶量（kg）	本月产奶量（kg）	产奶量差异（kg）
3	184414	3	269	6	53.7	19.3	34
4	195089	2	263	5	40.4	6.7	34

智能化推荐。

日产奶量下降过快必然会影响整个泌乳期总产量，分析原因有。①乳房炎是引起奶量快速下降的最主要原因；②有毒杂草、饲料中霉菌毒素、青贮窖气体、精料中过量的NPN等可以引起DMI下降的任何物质都会引起产奶量的突然下降；③过量饲喂精料，或日粮中脂肪、淀粉和非结构性碳水化合物（NSC）过量，会扰乱瘤胃功能和正常代谢，青干草混合物（Dry grain mixtures）采食量不应超过体重的2.5%，在有优质粗饲料的情况下，高峰奶量时（>36 kg）精料干物质采食量不应超过55%～60%，平均产奶量时（<32 kg）不应超过40%～50%；④少数情况下，VB_{12}缺乏也会引起产奶量下降快，尤其是对已经耗尽肝脏储备的高产奶牛；⑤采食量不足或日粮不平衡，可以对TMR日粮进行饲料成分分析；⑥感染或疾病，如病毒性腹泻、冬痢、沙门氏菌病，感染会引起奶牛高烧，产奶量下降；⑦饮水不足或水质有问题也是一种潜在的原因；⑧高峰过后或泌乳后期奶牛的不合理饲喂，日粮中精料干物质有10%～15%的变化时会引起产奶量的突然下降。

减缓奶量下降过快，应提高盈利能力措施。奶牛养殖的重点应放在干奶、围产和泌乳开始的90 d上。因为这个重要的关键时期，决定了整个哺乳期的速度和高度。由此，我们在新产

第四章 数智化技术在奶牛生产性能测定中的应用

母牛管理、福利、营养和生产性能方面都取得了显著的进步，而所有这些因素都共同推动了高峰奶产量到新的高度。

在达到高峰奶产量以后，应减少转群，维持较长的泌乳高峰，转群频繁其结果是高峰产量的下降，可能比应有的速率更快。但是减缓高峰奶量下降速率的机会可能有利于增加利润，而且只要关注管理的基础即可。

平均而言，第一胎即初产小母牛以每月5%~6%的速率经历高峰产量后的下降。而第二或第三泌乳期的经产母牛，以7%~9%的速率下降。如果我们能够将该下降速率减少2%，就获取的牛奶而言，就可能是一个重要的价值，如图4-7所示。

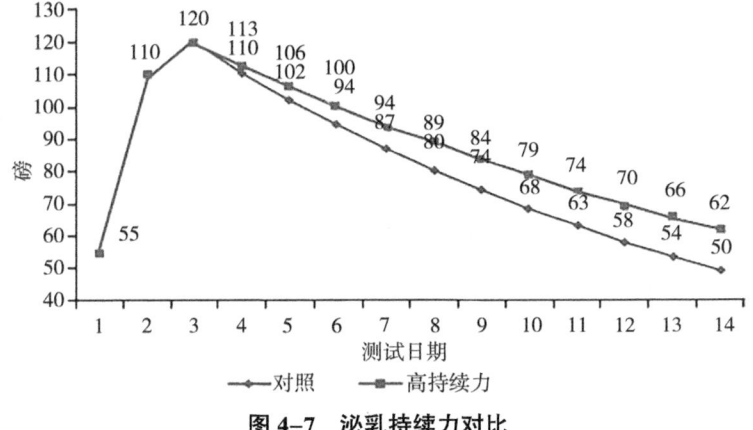

图 4-7　泌乳持续力对比

例如，两头泌乳牛都以 54.48 kg 的产奶量达到泌乳高峰值，高产奶量的泌乳牛以 6% 的速率下降，而对照者按 8% 下降。在第一次测定下降时，对照泌乳牛仅落后于高产者 1.36 kg，但以后产量的差距持续地扩大。在第 14 d 测定时，相差为 5.45 kg，而在最后，高产泌乳牛比对照泌乳牛多生产了 1 210 kg 以上的生鲜乳，即使它们都有相同水平的高峰奶量。

为了确定可以帮助减缓奶产量下降速率的管理和营养策略，我们需要了解细胞水平所发生的变化。研究表明，虽然存在有泌乳持续性的遗传成分或遗传因素，然而它在新产时是不可忽视的。这时，乳腺中的细胞被激活并开始产奶，但随着时间的推移，泌乳细胞的增殖随之减慢，而像氧化应激那样的事情，造成这些细胞基本上关闭并停止产奶。一旦发生这种情况，这些细胞只能在下次母牛产犊时被重新激活或继续泌乳。因此，尽管我们在母牛新产前和新产后期，通过管理好能量平衡和保证免疫系统的支持，为奶牛产犊和泌乳做好了一切准备，但是如果我们在高峰产量以后没有继续注意环境管理、营养管理和饲槽管理，仍然会导致产奶量下降。

如果保持整个泌乳期的一致性或稳定性，我们需要考虑日粮的变化或调整，以及不利的驱动因素。即使我们提供了相同的营养物质，但如果饲粮的物理外观和特征发生了变化，也会影响瘤胃的健康和整体的生产性能。

8. 泌乳天数大于 450 d 牛只比例及牛只明细

数字化感知。

表 4-13、表 4-14 据显示，该场泌乳天数大于 450 d 的牛只共有 163 头，占泌乳牛数量的 15.2%，超过 6% 预警值的 2.5 倍，且这些牛平均泌乳天数高达 556 d，最大泌乳天数高达 950 d，应引起牛场场长和育种员高度警惕。

表 4-13 泌乳天数大于 450 d 牛只统计   （参考值：< 6%）

牛头数（头）	百分比（%）	胎次	泌乳天数（天）	产奶量（kg）	平均 SCC（万个/mL）	305 d 预测奶量（kg）
163	15.15 ↑	2.15	556	36.53	28.4	10 563.24

注：泌乳天数大于 450 d 牛只比例。

第四章 数智化技术在奶牛生产性能测定中的应用

表4-14 泌乳天数大于450 d牛只明细（前50）

序号	牛号	胎次	泌乳天数（d）	产犊日期	采样日期	测定日奶量（kg）	SCC（万个/mL）	305 d 奶量（kg）
1	161512	3	950	2020-09-04	2023-04-12	23.5	511	/
2	184849	1	950	2020-09-04	2023-04-12	40	1	/
3	183246	2	780	2021-02-21	2023-04-12	51.1	2	/
4	162636	3	776	2021-02-25	2023-04-12	22.8	5	/

智能化推荐。

首先应核查是否漏报胎次和产犊日期或多次发生早期流产，如有流产应查找流产原因，是否因霉变饲草料引起，禁喂一切霉烂变质饲草料；是否受机械损伤；是否服用药物或受较大应激等；若流产比例较大，应加强布鲁氏菌病等传染病的检疫和净化。若非上述情况，育种员应根据该报告对应牛号逐头检查繁殖功能是否正常，并结合体细胞数和产奶量等查找泌乳天数超长的原因，如果体细胞数高，应检查是否由子宫炎或子宫内膜炎引起的繁殖障碍；并检查干奶期、围产期和泌乳前期奶牛日粮维生素和矿物质是否满足生产和繁殖需要，由于干奶期、围产期和泌乳前期奶牛转群频繁，奶牛需不断适应新环境和新群体，应激较大，对维生素和矿物质的需求较多，建议上述阶段日粮中加大维生素和矿物质的补充。对屡配不孕和久治不愈的牛只，在产奶量低于15 kg时，建议育肥后淘汰。

9. 体细胞数统计

乳房炎是困扰奶牛养殖业的三大疾病（乳房炎、子宫炎和肢蹄病）之首，由多种因素诱发或引起，但感染通常由致病菌引起，一方面影响产奶量，淘汰率升高，存在抗生素治疗费用升高以及抗生素残留和耐药性的风险；另一方面还会造成：初配天数延长、一次妊娠配种次数增加、空怀期延长、产犊间隔增加、配种后流产率上升、产后第一次配种妊娠率下降，影响繁殖，极大地影响了奶牛养殖业的发展，应引起大家的高度重视。

数字化感知。

表4-15至表4-21的数据显示，该场乳房炎控制较好，体细胞数大于50万个/mL牛只比例为7.1%，小于预警值<9%，也就是说患乳房炎牛只比例控制较好，但这些牛的乳中体细胞数较高且均在125万个/mL以上，平均达154.9万个/mL，说明这些牛的炎症较重，存在严重的奶损失。

表4-15 本月体细胞数大于50万个/mL的牛只统计（参考值：<9%）

胎次分类	牛头数（头）	百分比（%）	泌乳天数（d）	产奶量（kg）	平均SCC（万个/mL）	SCS	月奶损失（kg）	305 d预计奶量（kg）
1	18	1.67	231	30.35	126.3	6.5	3.52	7 937.08
2	22	2.04	412	35.84	163.3	6.68	4.27	10 767.89
≥3	36	3.35	291	30.89	164	6.72	3.89	10 544.43
汇总	76	7.06	312	32.19	154.9	6.66	3.92	10 050.27

注：本月"体细胞数大于50万个/mL牛只"比例，牛只详情见附件表4-19、表4-20、表4-21。

第四章 数智化技术在奶牛生产性能测定中的应用

表 4–16 本月新增体细胞数大于 50 万个/mL 的牛只统计

胎次分类	牛头数（头）	百分比（%）	泌乳天数（d）	产奶量（kg）	SCC（万/mL）	SCS	月奶损失（kg）	上月 SCC（万个/mL）	上月 SCS	305 d 预计奶量（kg）
1	18	1.67	231	30.35	126.3	6.5	3.52	29.72	2.28	7 937.08
2	22	2.04	412	35.84	163.3	6.68	4.27	65.59	3	10 767.89
≥3	36	3.35	291	30.89	164	6.72	3.89	41.22	2.94	10 544.43
汇总	76	7.06	312	32.19	154.9	6.66	3.92	45.55	2.8	10 050.27

注：牛只详情见附件表 4-19。

表 4–17 连续两个月体细胞数大于 50 万个/mL 的牛只统计

胎次分类	牛头数（头）	百分比（%）	泌乳天数（d）	产奶量（kg）	SCC（万/mL）	SCS	月奶损失（kg）	上月 SCC（万个/mL）	上月 SCS	305 d 预计奶量（kg）
—	—	—	—	—	—	—	—	—	—	—
—	—	—	—	—	—	—	—	—	—	—
—	—	—	—	—	—	—	—	—	—	—
—	—	—	—	—	—	—	—	—	—	—

注：牛只详情见附件表 4-20。

表4-18 连续三个月体细胞数大于50万个/mL的牛只统计

胎次分类	牛头数（头）	百分比（%）	泌乳天数（d）	产奶量（kg）	SCC（万个/mL）	SCS	月奶损失（kg）	上月SCC（万个/mL）	上月SCS	305 d 预计奶量（kg）
1	/	/	/	/	/	/	/	/	/	/
2	/	/	/	/	/	/	/	/	/	/
≥3	/	/	/	/	/	/	/	/	/	/
汇总	/	/	/	/	/	/	/	/	/	/

注：牛只详情见附件表4-21。

表4-19 本月新增体细胞数大于50万个/mL的牛只明细（前50）

序号	牛号	胎次	泌乳天数（d）	测定日奶量（kg）	SCC（万个/mL）	SCS	奶损失（kg/天）	上月SCC（万个/mL）	上月SCS	305 d 预计奶量（kg）
1	018050	2	459	47.4	573	9	10.1	74	6	13 377
2	184947	3	195	43.5	541	9	9.2	2	1	11 766
3	161512	3	950	23.5	511	9	5	3	1	/
4	195262	2	289	24.6	502	9	5.2	6	2	11 126

第四章 数智化技术在奶牛生产性能测定中的应用

表4-20 连续两个月体细胞数大于50万个/mL的牛只明细（前50）

序号	牛号	胎次	泌乳天数（d）	测定日奶量（kg）	SCC（万个/mL）	SCS	奶损失（kg）	上月SCC（万/mL）	上月SCS	305 d奶量（kg）
1										
2										

表4-21 连续三个月体细胞数大于50万个/mL的牛只明细（前50）

序号	牛号	胎次	泌乳天数（d）	测定日奶量（kg）	SCC（万个/mL）	SCS	奶损失（kg）	上月SCC（万/mL）	上上月SCC（万/mL）	305 d奶量（kg）
1										

从胎次分类情况看，头胎牛体细胞超 50 万个 /mL 的占 1.67%，2 胎和 3 胎及以上体细胞数超 50 万个 /mL 分别占 2.04% 和 3.35%，平均泌乳天数均在 231 d，从泌乳天数判断，表明均是泌乳后期体细胞数偏高，应该是泌乳后期过度挤奶导致乳房组织受损所致，与挤奶过程管理有关，应及时治疗；从产奶量看，这些牛均是高产牛，头胎牛产奶量达 30.35 kg，305 d 预计奶量达 7 937 kg；2 胎产奶量 35.84 kg，305 d 奶量达 10 767.9 kg；3 胎及以上产奶量 30.89 kg，305 d 奶量达 10 544.4 kg；也表明经产牛生产性能未充分发挥，与乳房炎有直接关系。从本月新增体细胞数大于 50 万个 /mL 牛只统计表看，本月新增 76 头，表明为新感染，占本月体细胞数大于 50 万个 /mL 牛只比例的 100%，牛场兽医应根据本报告逐头做 CMT 检查核实，根据检查结果及时采取措施，及时治疗，降低奶量损失，及时发现、及时治疗是提高乳房炎治愈率的关键因素。并及时将患有乳房炎的牛只及时隔离，尤其是金黄色葡萄球菌、坏疽杆菌引起的乳房炎，应注重全面消毒，最好不上奶厅挤奶，如必须上奶厅挤奶，则应放最后挤奶为好，挤完应对挤奶员手臂、挤奶设备和环境彻底消毒，防止大面积传染，并制定全面有效的治疗方案，科学施治，有条件的可做病原菌分离培养和分型鉴定，科学用药，针对性治疗。

连续两个月体细胞数大于 50 万个 /mL 和连续 3 个月体细胞数大于 50 万个 /mL 牛只数量为 0，说明牛场对乳房炎治疗方法有效，能有效控制乳房炎的发展。有大量连续两个月体细胞数大于 50 万个 /mL 和连续 3 个月体细胞数大于 50 万个 /mL 牛只说明感染传染性乳房炎，应加强这些传染性乳房炎牛的治疗和管理，因为这些传染性乳房炎牛容易在奶厅传染其他牛只，引起交叉感染，建议放最后挤奶，牛场兽医应根据牛只检查情况，及时调整治疗方案，

第四章 数智化技术在奶牛生产性能测定中的应用

必要时做病原菌分离培养和分型鉴定,科学用药,针对性治疗。

智能化推荐。

奶牛高体细胞数的管理策略。

为了减少抗生素的使用,建议牧场使用选择性干奶治疗。干奶前最后三次 SCC 检测数据有超过 20 万个 /mL 的情况或患有临床性乳房炎的奶牛,才采用抗生素干奶治疗。

所有的干奶牛都采用乳头封闭剂。干奶前 5 d,减少饲喂量,并把挤奶次数改为 1 次 /d。

关于乳房炎和高 SCC 奶牛,建议采用淘汰、分乳区干奶、提前干奶和泌乳期治疗方案。

奶厅的卫生条件应保持良好,员工都应戴手套保持清洁,保持挤奶杯组干净。严格按照挤奶流程操作,包括前药浴、验奶、一条毛巾一头奶牛进行擦干,然后套杯挤奶。脱杯后,采用二氧化氯药浴液进行后药浴。在下 1 次上杯前,会采用过氧乙酸消毒奶衬。

使用过的毛巾用温水清洗,再用稀释的消毒剂溶液进行消毒,每 6 个月更换一次,部分毛巾的使用次数达到 1 000 次。

奶牛乳头有明显的角化过度、充血、末端有角质环,这都表明挤奶真空压存在问题,需要进行相关的评估。

挤奶厅的牛奶导管较长,杯组分布情况不合理。这意味着挤奶时奶衬会扭曲为椭圆形,而不是呈现圆形,从而减少挤奶流速和延长挤奶时间。奶厅的每一侧都有支撑支架,可用于调整杯组安装位置,但牧场没有采用。

检测发现金黄色葡萄球菌阳性牛,建议淘汰。有条件的牧场建议将高 SCC 奶牛集中饲养,最后挤奶防止传播。

建议毛巾清洗温度提高为 90℃,以杀死葡萄球菌和链球菌等致病菌，清洗后的毛巾在使用前进行拭子取样，以检测灭菌效果。

将选择性干奶治疗的SCC阈值从20万个/mL下调至10万个/mL，干奶前奶牛的挤奶次数改为2次/d，产奶量低于10L的奶牛会进行提前干奶。

关于选择性干奶治疗的SCC阈值，应根据牧场牛群的实际SCC、细菌和管理情况而定。建议刚开始选用该方法时，应将阈值设置低些，以检验该方法是否对群体SCC有不利影响。

若群体SCC低于20万个/mL，那么建议选择性干奶治疗的初期阈值设置为10万～12万个/mL。随着时间的推移，若群体SCC持续下降，那么阈值可以随之上调。刚开始，采用20万个/mLSCC阈值，可能过高。此外，乳头损伤和毛巾污染都会增加感染的传播。

常见乳房炎致病菌的临床特点及防治建议如下。

①金黄色葡萄球菌。

a. 临床特点。传染性致病菌主要存在于乳头皮肤和被感染的乳汁中，牛与牛主要通过挤奶传播，可导致临床型或亚临床型乳房炎。

b. 防治建议。及时揭发感染牛并采取隔离措施尝试治疗或结合个体牛信息尽早做出淘汰决策加强奶厅的管理，包括消毒、操作、设备维护等慢性感染牛细菌学治愈率低，建议及时淘汰不建议饲喂乳房炎病牛奶给犊牛，必须饲喂则一定做好牛奶的巴氏杀菌。

②无乳链球菌。

a. 临床特点。传染性致病菌属于专性致病菌，仅存在于被感染的乳汁中，牛与牛主要通过挤奶传播传染性强，临床上有多个乳区同时感染的特点导致临床型的感染。

b.防治建议。同金黄色葡萄球菌。

③乳房链球菌。

a.临床特点。属于环境性致病菌在牛生活的环境中如卧床、粪便、过道等位点以及牛体上均可检出可导致临床型或亚临床型的感染与有机垫料相关性高属于侵袭性致病菌,抗生素治疗难度偏高。

b.防治建议。做好卧床管理,确保卧床干净、干燥、舒适,重视奶牛的免疫力,减少应激干奶期是链球菌新发感染的高发阶段,要做好干奶期的管理,使用干奶药的同时建议配合使用乳头封闭剂对于感染牛建议适当延长抗生素治疗疗程,以达到较好的细菌学治愈率。

④大肠杆菌。

a.临床特点。属于环境性致病菌属于革兰氏阴性菌,需考虑内毒素的影响在牛生活的环境中如卧床、粪便、过道、泥土中均可检出主要以临床型乳房炎的形式存在。

b.防治建议。做好卧床管理,确保卧床干净、干燥、舒适重视奶牛的免疫力,减少应激抗生素治疗效果好,但由于内毒素的释放会刺激机体产生严重的炎性反应,建议治疗时及时配合使用抗炎药物中和内毒素的影响。

⑤凝固酶阴性葡萄球菌。

a.临床特点。属于环境性致病菌属于机会性致病菌,与奶牛自身免疫力相关性高泌乳早期感染风险高,与生产应激相关。

b.防治建议。挤奶时做好乳头和乳头末端的消毒工作,尤其是乳头评分较差的牛重视奶牛的免疫力,减少应激。

⑥克雷伯氏菌。

a.临床特点。属于环境性致病菌与有机垫料相关性高在卧床、粪便中经常检出可导致临床型或亚临床型感染属于革兰氏阴性菌，需考虑内毒素的影响。

b. 防治建议。做好卧床管理，确保卧床干净、干燥、舒适，重视奶牛的免疫力，减少应激该菌宿主适应性强，感染后若不及时干预，部分菌株的感染会在乳腺内持续存在超过 100 d，造成慢性感染病例，建议及时揭发及时治疗 该菌会释放内毒素，从而刺激机体产生严重的炎性反应，建议治疗时及时配合使用抗炎药物中和内毒素的影响。

⑦支原体。

a. 临床特点。属于传染性致病菌感染途径复杂，防控难度大由于没有细胞壁，目前能在乳腺内使用的抗生素无法有效治疗支原体的感染传染性强，临床上有多个乳区同时感染的特点。

b. 防治建议。及时揭发感染牛并采取隔离措施评估个体牛信息，及时做出淘汰决策加强奶厅的管理，包括消毒、操作、设备维护等。不建议饲喂乳房炎奶给犊牛，必须饲喂则一定做好牛奶的巴氏杀菌。

10. 脂蛋比异常牛只比例及牛只明细

数字化感知。

表 4-22 至表 4-24 显示，该场各泌乳阶段牛只平均脂蛋比均正常，但参考值范围外的牛只比例达 35.6%～64.66%，其中，泌乳天数 60 d 以内牛只，脂蛋比小于 1.12 的牛只比例达 49.14%，脂蛋比大于 1.41 的牛只比例达 15.52%，其他泌乳阶段脂蛋比在参考值范围外的牛只比例也均在 35.6% 以上，牛场应首先检查取样方法是否正确，取样器是否安装正确，取样器分流是否正常，取样前是否充分摇匀等。一般情况，脂蛋比异常多是因为牛场取样不规范所致。建议牛场正确安装取样装置，严格执行奶牛生产性能测定采样技术规范，规范取样操作，提高取样代表性。

第四章 数智化技术在奶牛生产性能测定中的应用

表 4-22 脂蛋比按泌乳天数分类

（参考值：<10%）

泌乳天数（d）	奶牛数（头）	乳脂率（%）	乳蛋白率（%）	脂蛋比	参考值	是否正常	脂蛋比<1.12 的牛只比例↑	脂蛋比>1.41 的牛只比例↑
≤60	116	3.32	2.96	1.12	1.12～1.41	是	49.14	15.52
61～120	95	3.45	3.02	1.15	1.12～1.41	是	43.16	8.42
121～200	180	3.65	3.19	1.15	1.12～1.41	是	43.33	7.22
≥201	685	3.9	3.31	1.17	1.12～1.41	是	35.62	7.74
汇总	1076	3.76	3.23	1.16	1.12～1.41	是	/	/

注：牛只详情见附件表 4-23、表 4-24。

表4-23 脂蛋比小于参考值下限的牛只明细（前50）

序号	牛号	泌乳天数（d）	产奶量（kg）	SCC（万个/mL）	乳脂率（%）	乳蛋白率（%）	脂蛋比
1	205837	262	34.7	3	3.77	3.41	1.11
2	162568	402	9.1	30	4.06	3.65	1.11
3	195258	700	46.6	2	3.39	3.05	1.11
4	195386	519	40.2	4	3.34	3.02	1.11

表4-24 脂蛋比大于参考值上限的牛只明细（前50）

序号	牛号	泌乳天数（天）	产奶量（kg）	SCC（万个/mL）	乳脂率（%）	乳蛋白率（%）	脂蛋比
1	195032	93	43	2	5.43	2.32	2.34
2	184936	486	23.3	1	6.16	2.74	2.25
3	184510	516	44.4	2	4.78	2.45	1.95
4	184874	182	35.1	2	5.19	2.74	1.89

如果排除取样原因，脂蛋比大于1.41，表明奶牛大量动用体脂，造成乳脂率偏高，临床可能表现为酮病或亚临床酮病，牛场应加强酮病的筛查，防止酮病的群发。脂蛋比小于1.12，表明奶牛瘤胃功能不佳，应检查奶牛日粮精粗比是否合适，粗饲料是否过度搅拌导致奶牛挑食，并观察奶牛反刍情况是否正常，奶牛可能存在瘤胃酸中毒和瘤胃功能弛缓现象。

智能化推荐。

奶牛酮病的营养调控。

奶牛酮病的营养解决方案，需要从减缓或抑制体脂动员、减缓脂肪肝、促进糖异生、减缓能量负平衡等方面着手。

①减缓或抑制体脂动员。酮体发生的时候，如何减缓或抑

第四章 数智化技术在奶牛生产性能测定中的应用

制酮病发生？首先是减缓或抑制体脂动员，减缓能量负平衡，减少脂肪的动员，降低发病概率。生产中日粮可适当添加烟酸。

②减缓脂肪肝。从原理上说得很透，我们要减少脂肪的动员，将运输进入肝脏的脂肪运输出去，避免形成脂肪肝，酮体产量自然下降，酮病发病率就降低了。生产中日粮可适当添加胆碱。

③促进糖异生。将促进糖异生作用这个链条切断。合成葡萄糖，直接提供前体物：丙二醇、丙酸钙、丙酸钠。

另外，促进瘤胃内的丙酸生成，调节瘤胃的发酵模式，产生更多的丙酸。这意味着葡萄糖的合成，缓解了高葡萄糖需求的过程，这样链条就切断了。

④日粮中可适当添加离子载体（莫能霉素）。

⑤减缓能量负平衡。有效控制酮病最重要的一条就是减缓能量负平衡。在检测酮病中，我们归结能量负平衡是最重要的因素之一。可从以下几方面着手。

第一，营养均衡的产前日粮。尤其产前一周两周甚至更早的时候，在没有产犊、没有发生酮病的时候，就提前做一些工作，可以很好地减缓酮病的发生。

第二，提高产前干物质采食量和日粮消化率。高糖高可溶纤维日粮可能是一条比较有效的途径。

第三，围产期充足的采食空间。很多牛场奶牛吃不上料，尤其肥牛，酮病分Ⅰ型和Ⅱ型，Ⅱ型的是脂肪肝。越肥的牛越容易患脂肪肝，酮病发生概率大幅度上升，酮病的发生又导致采食量下降，恶性循环，最后就被淘汰了。

第四，新产牛均衡日粮。为新产牛提供优质的粗饲料，提高消化率，日粮应有良好的适口性、优质的纤维，同时有效地促进干物质采食量是我们平衡日粮的一些技巧。乳蛋白偏低原因及解决方案见表4-25。

表4-25 乳蛋白偏低原因及解决方案

序号	原因		解决方案
1	配方原因	淀粉不够，能量欠缺，微生物无法合成更多的微生物蛋白	增淀粉
2		脂肪过量，抑制微生物活性，降低微生物合成蛋白的能力	降脂肪
3		能蛋失衡，日粮提供的粗蛋白不能满足需要	平衡能蛋
4		氨基酸不平衡	添加过瘤胃氨基酸
5		粗饲料质量不佳	饲喂优质粗饲料
6	执行力	TMR 误差，包括制作和投料误差	提高 TMR 精准度
7		TMR 搅拌搅拌不均匀	调整搅拌时间
8	其他	热应激，采食量下降导致营养需求不能满足	防暑降温，增加日粮浓度，饲喂优质粗饲料，提高 TMR 水分

11. 乳脂率低于 2.5% 牛只比例及牛只明细

乳脂率反映了奶牛的瘤胃发酵状态、日粮纤维结构及比例、日粮脂肪结构及比例等，是衡量奶牛健康状态的一项重要指标。乳脂率低于 2.5% 用于检查牛只瘤胃功能，表明牛只可能存在瘤胃酸中毒，并结合奶牛反刍情况、采食情况判断和粪便评分进行综合判断。如果乳脂率低于 2.5% 的牛只比例超过预警值 10%，应综合考虑咀嚼活动（包括采食和反刍）、纤维性饲料质量、粪便成型度等指标综合判断。牛群反刍和粪便异常，牛群存在酸中毒，应减少精料的喂量，增加长草的喂量，严重的应及时治疗。该场乳脂率低于 2.5% 的牛只比例低于 10%，且牛群

第四章 数智化技术在奶牛生产性能测定中的应用

反刍和粪便无异常,则表明牛群是健康的(表4-26,表4-27)。

表4-26 乳脂率低于 2.5% 牛只统计

牛头数(头)	泌乳天数(d)	乳脂率(%)	占测试牛比例(%)	参考值	是否正常
47	263	1.95	4.37	<10%	是

注:牛只详情见附件表4-27。

表4-27 乳脂率低于 2.5% 牛只统计(前50)

序号	牛号	泌乳天数(d)	乳脂率(%)	产奶量(kg)	SCC(万个/mL)
1	184811	433	2.49	55.3	2
2	205452	43	2.47	34.9	2
3	195106	33	2.45	31.2	1
4	174149	438	2.43	46.6	1

12. 乳中尿素氮结果统计

测定尿素氮(MUN)是评估奶牛日粮蛋白利用效率的重要技术手段,是衡量奶牛蛋白质代谢和日粮能氮平衡的关键指标,对MUN指标的评定,群体平均值意义大于个体测定值。对于泌乳天数小于35 d的牛,MUN受脂肪代谢的影响远大于受日粮的影响,因此这一时期的MUN结果不建议分析利用,对于泌乳天数为35~100 d的牛,测定MUN的意义在于看受胎率是否会受到影响。对于泌乳天数为101~200 d的牛,测定MUN主要是观察日粮蛋白质的摄入量是否会影响产奶量。对于200 d以上泌乳牛,关注其日粮蛋白质是否有浪费(表4-28)。

表 4-28　乳中尿素氮统计

泌乳天数（d）	牛头数（头）	乳中尿素氮（mg/dL）	乳蛋白率（%）	参考值	MUN < 10 Mg/dL 比例	MUN > 18 Mg/dL 比例	预警值
≤ 30	49	14.40	3.1	9.36～14.69	4.08	12.24↑	< 10%
31～100	127	14.71↑	2.92	9.36～14.69	2.36	3.94	< 10%
101～200	215	14.80↑	3.17	9.36～14.69	1.40	4.19	< 10%
> 200	685	14.91↑	3.31	9.36～14.69	1.61	8.76	< 10%
汇总	1076	14.84↑	3.23	9.36～14.69	1.77	7.43	/

注：牛只详情见附件表 4-29、表 4-30。

表 4-29、表 4-30 显示，除泌乳天数 30 d 内牛只 MUN 正常、MUN 大于 18Mg/dL 比例超 10% 外，其他各泌乳阶段牛只 MUN 均偏高，但 MUN 超范围比例均小于 10%，个体测定值偏差影响较小。结合乳蛋白率看，泌乳天数 30～100 d 牛只乳蛋白低于 3.0%，而 MUN 偏高，对受胎率有较大影响。反映该阶段牛只日粮蛋白质过剩，能量缺乏，应适当增加压片玉米用量，提高日粮能量浓度，适当降低蛋白含量，保持能蛋平衡。其他各泌乳阶段 MUN 偏高，乳蛋白率大于等于 3.0%，表明日粮蛋白质过剩，能量平衡或稍缺乏，可适当减少蛋白原料用量，降低日粮蛋白水平。

表 4-29　乳中尿素氮小于参考值下限的牛只明细（前 50）

序号	牛号	泌乳天数（d）	乳中尿素氮（mg/dL）	乳蛋白率（%）	产奶量（kg）	SCC（万个/mL）
1	183222	198	9.9	2.82	39.0	5
2	170811	400	9.8	3.63	24.3	77

第四章 数智化技术在奶牛生产性能测定中的应用

续表

序号	牛号	泌乳天数（d）	乳中尿素氮（mg/dL）	乳蛋白率（%）	产奶量（kg）	SCC（万个/mL）
3	205789	289	9.7	3.50	22.8	15
4	217223	17	9.6	3.75	21.8	21

表 4–30 乳中尿素氮大于参考值上限的牛只明细（前 50）

序号	牛号	泌乳天数（d）	乳中尿素氮（mg/dL）	乳蛋白率（%）	产奶量（kg）	SCC（万个/mL）
1	184479	521	38.5	2.99	25.9	1
2	184946	91	30.7	2.95	45.9	2
3	217163	34	29.7	2.86	33.7	2
4	205620	338	22.9	3.48	28.8	19

第五章 奶牛生产性能测定的智能化决策

奶牛生产性能测定的智能化决策是建立在数据分析基础上，通过分析，识别影响奶牛生产性能的关键因素，如饲料配比、饲养环境、健康状况等，通过分析乳成分的变化，可以判断奶牛是否患有亚临床疾病，从而及时采取措施，为养殖者提供决策支持。这包括优化饲料配方、调整饲养管理策略、制订繁殖计划等。智能化决策系统能够根据实时数据自动调整管理措施，提高响应速度和准确性，从而为养殖管理提供科学依据。

第一节 基于 DHI 数据的奶牛健康养殖精准管理决策系统

通过 DHI 数据分析解读，把专家的经验数据化、模拟化、定量化，形成较完整的 DHI 数据分析解读预警报告，包括专家分析解读和风险预警提示功能，分为疫病监测、乳房炎管理及兽医参考；观察及追踪牛只表现、牛群间比较；牛只淘汰和牛只买卖；选种选配和奶牛营养平衡五大方面为奶牛养殖场提供

第五章 奶牛生产性能测定的智能化决策

数据支持和决策依据，提高乳品质量，保障乳品安全，同时精准优化奶牛场生产管理水平，降低生产成本。

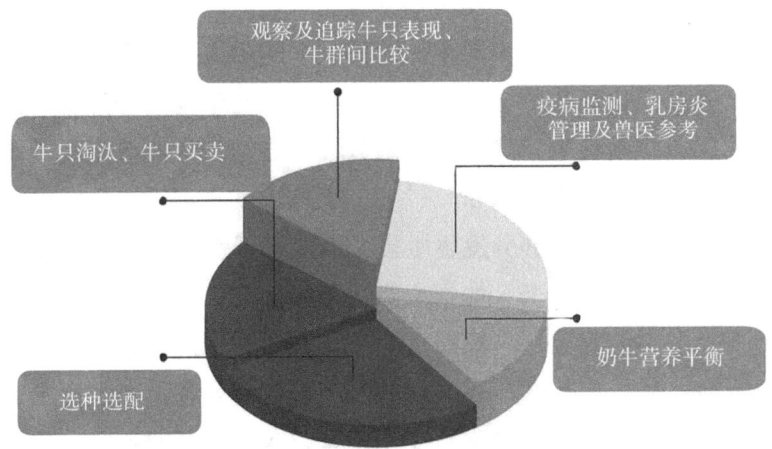

图 5-1 DHI 数据分析解读技术五大功能

一、疫病监测、乳房炎管理及兽医参考

1. 疫病监测

疫病监测为疫病防控提供技术支持与参考，乳中丙酮介于 0.21～0.38 mmol/L 或乳中 BHB 介于 0.16～0.25 mmol/L，预示牛只可能存在亚临床酮病风险；乳中丙酮 ≥ 0.39 mmol/L 或乳中 BHB ≥ 0.26 mmol/L，揭示牛只可能存在临床酮病风险，如果牛只比例超 10%，提示管理者有酮病群发的风险，应加强和改善饲养管理，防止酮病的群发；乳脂率 < 2.5% 的牛只比例超过 10%，或脂蛋比 < 1.12 的牛只比例超过 10%，提示牛群存在瘤胃酸中毒风险，应关注牛群日粮精粗比；以及 TMR 日粮制作是否合理，是否存在过度搅拌，及时纠正，防止瘤胃酸中毒的

群发。

2. 乳房炎管理

奶牛场可通过 DHI 报告中体细胞数的月、季、年度变化情况，高体细胞数牛在牛群中的比率，不同胎次牛体细胞数的分布比率及变化趋势的分析，实施有针对性的牛场管理措施，制订乳房炎防治计划，降低体细胞数，最终达到牛群健康，提高产奶量和牛奶质量的目的。

奶牛机体任何部分发生生理或病变不适都会首先以减少产奶量的形式表现出来，如果产奶量降幅比较大，我们就可以得出一个基本的判定，牛只很可能有潜在的健康问题，需要我们去查看、分析是什么原因引起的降产，对症处理。通过奶量数据下降、乳成分和体细胞数变化，及时揭发，及时治疗，很可能不会导致该牛只的淘汰，降低牧场损失。

奶牛乳房炎是牧场最常见、危害最大的疾病之一，不仅导致产奶量下降，治疗费用和人工成本增加，同时会影响奶牛繁殖性能，造成牧场经济损失，应加强乳房炎管理。体细胞数的高低反映乳房炎防治措施是否有效，尤其是为隐性乳房炎提供了最直观的数字依据。乳房炎管理较好的牛群，通常体细胞数 < 30 万个 /mL，超过表明牛群乳房炎防控存在一定问题。对于个体牛只，体细胞数 > 50 万个 /mL，表明奶牛感染乳房炎；上次体细胞数 < 50 万个 /mL，本次体细胞数 > 50 万个 /mL，表明新感染；上次体细胞数 > 50 万个 /mL，本次体细胞 < 50 万个 /mL，表明已治愈；新感染数量远超过治愈牛只数量，乳房炎发病率有进一步恶化的趋势，管控措施效果不佳，应调整治疗方案。如果新产牛体细胞数较高，表明产房管护可能存在较大问题，也可能是干奶前乳房炎治疗和干奶药存在问题，应检

查干奶药的效果。

3. 兽医参考

产奶量和乳成分的变化也预示奶牛的健康存在问题,奶牛机体任何部分发生生理或病变不适都会首先以减少产奶量的形式表现出来,如果产奶量降幅比较大,我们就可以得出一个基本的判定,牛只很可能有潜在的健康问题,需要兽医去查看,分析是什么原因引起的降产,对症处理。通过奶量数据下降、乳成分和体细胞数变化,提前揭发病牛,及时治疗,很可能不会导致该牛只的淘汰,降低牧场损失。脂蛋比>1.41 或乳脂率>5.0% 且牛只比例超过预警值 10%,表明奶牛大量动用体脂,造成乳脂率偏高,揭示牛群可能存在酮病或亚临床酮病。通过数据管理,可优化兽医工作,数据已成为兽医可衡量的工作依据,比如乳房炎的管控效果,如果上次体细胞数高,本次体细胞数仍高,表明治疗方案无效,应调整,为兽医诊疗提供数据支持与参考,实现由传统兽医向数字兽医转变。

二、观察及追踪牛只表现、牛群间比较

因为 DHI 是每月一次对参测牛场所有泌乳牛开展生产性能测定,连续跟踪观察每一头泌乳牛不同泌乳天数、不同胎次的生产性能,可真正区分哪些是高产、哪些是低产,对建立核心奶牛群和冻精的选择有指导作用。

为了实现不同胎次、不同泌乳天数个体牛只和牛群间对比,DHI 应用了多种对比方式,如相同胎次不同泌乳天数的牛只,可校正到与 305 d 产奶量进行对比,不同胎次不同泌乳天数不同乳成分的牛只,可用校正奶对其生产性能进行对比,即将测定

日实际产奶量校正到 3 胎、泌乳天数为 150 d、乳脂率为 3.5% 的奶量。在同等条件下，提供了不同胎次、泌乳阶段及不同乳脂率的泌乳牛，在同一标准下进行比较。

三、牛只淘汰和牛只买卖

将无饲养价值的低产牛尽早淘汰是奶牛场牛群更新的重要环节，如何区分低产和无饲养价值的，需要有详实的数据记录，DHI 数据中 305d 产奶量、泌乳天数、产犊间隔、乳房炎发病率等信息，可为牛只淘汰提供数据支持，避免盲目淘汰。

牛只买卖也需要有详实的数据记录支持，奶牛场买牛通常需要看泌乳性能、繁殖性能和健康状况，DHI 数据为牛只买卖提供详实的数据支持。

四、选种选配

合理应用 DHI 报告进行选种选配，可以加快奶牛育种进度，充分挖掘奶牛高产稳产潜能，提高奶牛场经济效益。育种员可根据牛只历次 305d 产量、胎次平均 SCC、平均乳脂率、平均乳蛋白率等生产性能信息，再结合母牛体型外貌评分，找出优秀和缺陷性状，确定改良目标，根据改良目标，使用同质选配或异质选配，最后制订出适合高产牛特点的选种选配计划。

五、奶牛营养平衡

根据 DHI 数据分析解读及预警报告，利用相关专业理论知识，根据产奶量和乳成分的变化，分析奶牛营养存在的问题，在对牛场所有饲草料准确测定基础上，依托国家奶牛产业技术体系平台和技术力量，利用配方软件，充分挖掘本地饲草料资源，科学配制日粮，实现精准营养。针对高峰期延后、高峰奶偏低等共性问题，开展试验研究，探索出干奶期奶牛高纤低能日粮营养策略，开展精准营养与饲喂研究，研发了精准营养与饲喂的设施设备，将奶牛分群管理、日粮配方设计、TMR日粮质量评价与控制、消化率评估、奶牛体况评分等分散的单个技术与DHI技术组合应用于一体，形成PDCA循环。效果良好则总结好的经验和做法，形成应用技术；效果不佳；分析原因并进一步改进，进入下一个循环。持续改进和验证，构建了测奶养牛、精准营养并持续改进技术。

第二节　优质后备牛培育策略

后备奶牛是奶业的未来。只有培育优质的后备奶牛，才能获得健康、高产的奶牛，为中国奶业高质量发展奠定基础。对于奶牛场来说，所有的工作都是围绕着后备牛群的健康生长和成年母牛的高效泌乳两个循环而展开。在后备牛群的饲养管理中，新生犊牛的初乳饲喂、哺乳期犊牛的营养健康、断奶犊牛的过渡管理、育成牛的体型发育和青年牛的体况控制等都是关键环节，决定着后备牛群未来的生产性能和牧场的发展。

一、新生犊牛的初乳饲喂管理

奶牛的胎盘是结缔组织绒毛膜胎盘，不允许母体的抗体在子宫内转移给胎儿，因此胎儿无法直接从母体中获得抗体，新生犊牛体内几乎没有抗体，初乳是其获得抗体的主要来源，应重点关注初乳的管理。

1. 初乳的收集时间

奶牛分娩后应尽早挤出初乳，因为随着乳腺分泌活动的进行，分泌物的增多会稀释初乳中的 IgG 浓度。数据显示，与产后 2 h 内的初乳中 IgG 含量相比，产后 6 h 下降了近 20%。因此，建议初乳最好在 6 h 内收集完毕，不要超过 10 h。

2. 初乳的饲喂时间

犊牛出生后，随着肠道细胞更新和肠上皮细胞消化管的发育，导致肠道对大分子物质的吸收窗口逐渐关闭，其吸收初乳中免疫球蛋白的能力会迅速下降。研究表明，犊牛在出生后的 2 h 内对初乳中 IgG 的吸收率最高，之后随着时间的推移，吸收能力会迅速下降。与刚出生时相比，犊牛出生后 6 h 时的肠细胞免疫球蛋白的通透性就下降了 50%，24～36 h 时就会完全关闭。因此，建议犊牛出生 1 h 内饲喂初乳。

3. 初乳的饲喂量

为了保障新生犊牛被动免疫成功，其免疫球蛋白的需求量大概为 200 g。因此，建议初乳首次灌服量达到体重的 10% 约 4 L，6～8 h 后再灌服 2 L，初乳 IgG > 50 g/L，Brix > 22%。

4. 初乳的储存

短期储存，可放置在 4℃ 左右冰箱中进行冷藏，时间不应超过 24 h，应注意装初乳袋的尺寸不应过大，以减少细菌的繁殖。长期储存，需要放在 -20℃ 冰箱中冷冻保存，不要采用无霜冰箱，因为这类冰箱的工作原理是"冷冻 - 解冻"的循环过程，会造成初乳多次解冻，从而影响初乳的质量。

5. 初乳的解冻

采用恒温水浴锅进行解冻，温度设定为 44 ~ 45℃，将初乳放入水浴锅中，确保初乳容器完全浸没在水中，并且定时翻动初乳袋，使其受热均匀，15 ~ 30 min 完成解冻。

6. 灌服初乳 48 ~ 72 h 内采集犊牛血液，离心分离出血清进行抗体检测

使用折光仪测定血清蛋白浓度，如果结果 ≥ 5.5g/dL 或使用糖度计测定 ≥ 8%，则认为初乳的饲喂是成功的，犊牛获得了足够的被动免疫，合格率 ≥ 90% 是评估初乳饲喂管理的一个重要指标。

二、哺乳犊牛的营养健康管理

哺乳犊牛的营养主要来源于液态奶和颗粒料，液态奶的饲喂要做到定时、定量和定温（37 ~ 39℃），禁止使用乳房炎乳。此外，牧场还需关注每天液体奶总固体的稳定性（13% ~ 15%），可以采用代乳粉调整。夏季增加遮阴和喷雾降温措施，能有效地降低 THI 指数，缓解犊牛热应激，增加日增重。

除了液态奶外，颗粒料对于犊牛的生长发育也至关重要，尤其是瘤胃。因为，颗粒料进入瘤胃后，产生挥发性脂肪酸，能刺激瘤胃乳头的发育。颗粒料粗蛋白 > 22%，建议哺乳期颗粒料过筛（筛孔直径 3mm）后饲喂，粉化率＜5%。

犊牛从初乳中获得的被动免疫通常只能维持到 2 周龄，但其自身抗体从第 3 周才开始产生，因此 2～3 周是犊牛腹泻和肺炎等疾病的高危阶段。此阶段要尽量保持牛奶或代乳粉、开食料、奶嘴、水、卧床垫料和饲喂设施的干净卫生，还需关注空气流通，牛舍氨气浓度＜5 mg/kg。

三、断奶犊牛的过渡管理

哺乳期犊牛要保障足够的断奶时间，杜绝"悬崖式"断奶，建议采用逐渐断奶法。在断奶前 7～10 d 开始逐渐减少喂奶量，在其连续 3 d 的颗粒料采食量达到 1.5 kg 以上时方可完全断奶。若采食量达不到，需继续饲喂牛奶或代乳粉，延长断奶日龄。切记，断奶后 1 周仍需在原舍饲养。然后，再转入小群饲养（6～8 头），最后才转到大群。此外，犊牛断奶后，其营养主要来源由液态奶转变为颗粒料。然而，与液态奶相比，颗粒料中的蛋白质主要来源于豆粕，其蛋氨酸含量较低，因此该阶段还需关注氨基酸（AA）平衡。

四、育成牛的体型发育管理

育成牛的体型发育也是值得关注的问题，该阶段的快速生长可以使其尽早配种和产犊，缩短投产时间，但是过快的生长可能会影响体脂和蛋白沉积以及乳腺的发育。该阶段牛只的干物质采食量控制在 7～9 kg，日粮蛋白质在 16%～17%，能量 1.4～1.45 Mcal/kg。每月按照月龄和体高分群，同一个牛舍中体高差异不超过 10 cm。TMR 制作要均匀，以减少挑食。重点关注 6 月龄和 13 月龄牛只的体高和体重指标，13 月龄牛只 100% 参测。13 月龄以上达到参配标准，100% 开具参配单（表 5-1）。

表 5-1 各月龄参配标准

月龄	体高（cm）	体重（kg）	日增重（g）
6	≥ 108	≥ 220	850～1000
12	≥ 127	≥ 380	750～850
24	≥ 140	≥ 620	750～1500

五、青年牛的体况控制管理

青年牛妊娠前期是乳腺组织发育速度增快，乳腺导管数量增加，导管末端形成腺泡的阶段，然而此时也是脂肪沉积速率的高峰阶段。因此，若此阶段牛只体况过肥，乳腺脂肪沉积过多，会影响乳腺实质组织的增殖，影响乳腺泡的形成，从而影响未来的泌乳性能，因为乳腺泡的多少决定了产奶量的高低。此外，若产道脂肪沉积过多，会限制产道收缩，造成难产，对母牛和小牛都会造成不利影响，且肥胖的青年牛更易产生一系列代谢性疾病。

因此，此阶段要限制青年牛的能量摄入，主要有两种途径，一是饲喂高比例低质粗饲料的低能日粮，自由采食。但需关注粗饲料的加工质量和挑食情况，预切至 2～5 cm，禁止饲喂发霉变质的原料。二是饲喂优质粗饲料的高能日粮，限饲，空槽时间＜6 h。但需注意饲养密度不要超过 100%，要保证所有的牛只能一起采食，从而保障弱势牛只的营养摄入。

六、后备牛数据管理

1. 初生重

犊牛初生重在 38～46 kg 时，成年后各胎次产奶量较高，且高峰期缩短。

2. 哺乳期

适当延长哺乳期有助于改善犊牛消化道发育和机体发育，提升犊牛未来的产奶性能。目前犊牛哺乳期大多在 60～65 d，在此基础上，适当延长哺乳期到 75～80 d，成年后高峰奶量较高，可提高 5～10 kg/d，且高峰日较短。

3. 哺乳期日增重

0.8～1.0 kg/d 最佳，各胎次产奶量较高，且高峰日缩短。

4. 犊牛断奶重

适当提升断奶犊牛体重，控制在 100～120 kg 范围内最佳，有助于提升未来生产性能，成年后产奶量最高；断奶重＞120 kg 时，高峰奶量下降，高峰期推迟；可能与体躯和乳腺脂肪过度沉积有关。

5. 断奶犊牛生长期日增重：以 0.8～1.0 kg/d 为宜，有助于提高高峰奶量和缩短高峰日，有利于犊牛各器官的协调发育，日增重太高，影响乳腺发育。

6. 育成牛饲养管理的主要任务是让母牛长骨架而不是长膘，应控制日增重，保持适度膘情。

7～12 月龄日增重 0.7～0.8 kg/d，13～15 月龄 0.8～0.825 kg/d，体况评分控制在 2.75～2.9 分为宜，过高的日增重将导致乳腺中沉积脂肪，并缩短乳腺发育的最佳时间。

7. 后备牛首次发情时体重应为 336 kg 或牛群平均体成熟体重的 45%，（荷斯坦奶牛体成熟体重按 750 kg 计）。

8. 配种时体重应达 374 ～ 408 kg 或体成熟体重的 55%，产犊时体重应达 680 kg，产犊后体重应达 612 kg 或体成熟体重的 85%。

第三节 降低牛奶中体细胞数的技术措施

体细胞数是衡量奶牛健康状况的重要指标，体细胞数越低，说明奶牛身体健康，泌乳量越高。但是，不同饲养管理水平、不同奶牛场奶牛的体细胞数是不同的。随着牧场规模的扩大，牧场对牛奶品质要求越来越高，但在管理上却难以做到。因此，研究牛奶中体细胞数的形成机理、影响因素及降低牛奶中体细胞数的技术措施，对提高牛场生产水平、增加经济效益具有重要意义。降低牛奶中体细胞数的技术措施可以从多个方面入手，包括饲养管理、营养调控、挤奶操作、环境控制等。以下是详细的措施。

一、饲养管理

1. 分群饲养

将奶牛按健康状况分群饲养，可以有效减少乳房炎的发生率，从而降低体细胞数。

2. 免疫调节

通过在奶牛日粮中添加抗氧化性微量养分及免疫调节剂，

可以增强奶牛对乳房炎的抵抗力,从而降低体细胞数。

3. 定期监控

通过定期监控牛群体细胞数,可以及时发现并处理高体细胞数的奶牛,从而减少整体牛奶中的体细胞数。

二、营养调控

1. 添加抗氧化剂

在奶牛日粮中添加抗氧化剂,如茶叶提取物,可以减少乳腺损伤,增强细胞的防御能力,并抑制炎症的发展,从而降低体细胞数。

2. 合理配比饲料

确保奶牛饲料的营养均衡,避免因营养不良导致的乳腺炎等问题。

3. 挤奶操作

①机械化挤奶。采用机械化挤奶设备,并确保设备的清洁和消毒,可以降低挤奶过程中的感染风险。

②挤奶前后的卫生处理。在挤奶前对乳房进行适当的处理,并在挤奶后擦洗挤奶装置,以防止细菌感染。

三、环境控制

1. 改善牛舍环境

保持牛舍的清洁和干燥,避免潮湿和不卫生的环境,可以减少乳腺炎的发生。

2. 温度和湿度控制

控制牛舍内的温度和湿度，避免极端气候条件对奶牛健康的影响。

四、疾病防治

1. 早期诊断和治疗

使用乳房炎检测卡（CMT）等工具进行早期诊断，并及时治疗感染的奶牛，可以有效降低体细胞数。

2. 淘汰高体细胞数奶牛

对于长期高体细胞数的奶牛，可以通过淘汰来降低整体牛奶中的体细胞数。

五、技术监测

使用传感器和检测仪。利用牛奶传感器和体细胞检测仪实时监控每头奶牛每个乳区的牛奶品质，及时发现并处理高体细胞数的情况。

通过以上综合技术措施，可以有效降低牛奶中的体细胞数，提高牛奶的质量和产量。

第四节　提高产奶量的技术措施

奶牛的生产性能受品种、繁殖、健康、营养和奶厅管理等方面影响，在此基础上，奶牛生产性能的发挥，干物质采食量

（DMI）起决定性作用。奶牛采食量高，从日粮所获得的营养成分多，奶量才会高；奶牛采食量低，从日粮所获得的营养成分少，奶量则会低。

一、泌乳牛投料次数

适当地增加 TMR 投料次数，可以保证奶牛吃到新鲜饲料的几率增大，进而提高奶牛的 DMI，并减少奶牛的挑食和日粮营养成分的变化，维持瘤胃 pH 值稳定，减少酸中毒，维持较好的乳脂和乳蛋白率。但每增加一次 TMR 投料，相应的人力、物力也会增加，一般来讲，奶牛每天采食时间 3～5 h，采食次数 9～14 次，通常情况奶牛采食后 1 h 左右开始反刍，持续 2～3 h 或更长的时间，采食后第 2～6 h，瘤胃的消化活动进入高潮，通过瘤胃蠕动不断地把食糜排入后肠道，使瘤胃排空，采食后 6～8 h，因瘤胃的排空表现出饥饿感，所以泌乳牛每日 3 次 TMR 投料较好。

二、推料和匀料

奶牛爱吃新鲜饲料，不愿吃被其他牛拱食过的剩料，尤其不愿意吃沾有其他牛口水的饲料。推料是尽可能保持饲料新鲜和确保奶牛随时在饲槽有料可采的有效手段。推料可刺激奶牛在白天和夜晚频繁地采食日粮，从而提高奶牛采食量，对牛群生理健康和奶产量有着一定的积极影响。在实际操作中，推料的次数应达到推料后奶牛无明显反应的程度（热应激期间除外），若每次推料，都有较多的奶牛前来摄食，则表明饲槽没有可采食的日粮已经很长时间了，此时就应增加推料次数。需要注意的是，研究表明，较高的推料频次可以最大限度地减少奶牛除采食、饮水、挤奶外的站立时间，提高奶牛肢蹄健康度。从实践中还可以观察到奶牛每次挤奶后回舍，绝大多数牛都会站在水槽边饮水，陆续来到采食通道采食，这就要求每次挤完奶时，我们都应进行推料及匀料，保障饲槽任何地方都有饲料可采食，奶牛往往采食迅速，将饲料卷入口中，有时饲槽会出现"坑"，这时都需要我们及时推料和匀料，有些奶牛采食不到饲料，站立一会儿后便回到卧床趴卧，而不是按照我们的意愿哪儿有饲料去哪儿采食。通常水槽和门口附近（通风好），是奶牛的喜食区域，而这些区域更应是我们推料匀料的重点区域。同理，奶牛在运动场放回舍后，也会出现采食高峰，此期间的推料和匀料也是我们重点工作之一。

三、饲养密度

目前，规模化场奶牛饲养是群体饲养，奶牛采食量也会受饲养密度的影响。理想的饲喂方式是给奶牛提供充足的采食、饮水和休息空间，以满足所有的奶牛能同时采食、饮水及躺卧休息。但饲养密度过大，采食空间有限，料车投料时和奶牛挤完奶回舍时等采食高峰，部分奶牛可能没有食槽空间，会出现饲槽和卧床的争抢，存在弱肉强食现象，由于采食空间紧张，会出现少次多食现象，恰恰与我们提倡的少食多餐背道而驰，增加了奶牛患亚急性瘤胃酸中毒（SARA）风险；在挤奶后，有采食欲望而放弃采食的奶牛选择卧床趴卧，增加了患乳房炎的风险。当然 SARA 和乳房炎的奶牛都需及时治疗，而这是以付出治疗费和牺牲奶量为代价的。理想的奶牛饲养密度要考虑以下因素：一是在牛舍奶牛活动区域，奶牛之间的不当竞争行为；二是奶牛对饲料和饮水的竞争；三是奶牛的躺卧和休息情况；四是整个挤奶过程（从奶牛在牛舍中由躺卧到站立起来或停止采食前往奶厅开始，直到挤完奶返回到牛舍重新休息或采食结束）控制在 40～60 min 内。研究发现，在较低的饲养密度下，散栏饲养的奶牛可以选择它们想要的位置进行反刍，SARA 数量的差异可能是由于每天瘤胃 pH 变异性以及奶牛个体之间的差异，与奶牛反刍位置无相关性；相反饲养密度过高，反刍位置占 SARA 变异的 44%，这可能是饲养密度过大，奶牛选择不到它们想要的位置反刍，咀嚼过程中舒适度较低，导致每次咀嚼产生的唾液量减少，即使总反刍时间不受影响，也会发生 SARA。

四、泌乳牛分群管理

泌乳牛合理分群不仅利于管理，还会给奶牛场带来更大的经济效益，国内外多数规模牛场将泌乳牛分成 3 群，饲喂不同的日粮，即新产群、高产群和低产群，新产群通常是产后 30 d 内的牛，其采食量不高，DMI 12～20 kg，若新产与高产混群饲养，按高产牛日粮配方进行投料则影响新产牛营养吸收，尤其是微量元素和维生素的需求，而且因干草饲喂量较低，真胃移位发病率较高。

奶牛群体饲养有助于消除奶牛恐惧，使奶牛更健康。奶牛分群的目的是减少社会地位、采食、饮水、躺卧和阴凉等的竞争，更好地提高奶牛 DMI 和产奶量。头胎牛与经产牛分开单独饲养可以提高 DMI 和产奶量。研究表明，头胎牛单独组群饲养对采食时间、采食次数、躺卧时间、躺卧次数、产奶量和乳脂率等均有较好正效应（表 5-2）。

表 5-2 分群对奶牛采食、躺卧和奶量的影响

饲养方式	头胎和经产混养	头胎牛单独饲养
采食时间（min/d）	184	205
采食次数（次/d）	5.9	6.4
精料采食量（kg/d）	10.1	11.6
青贮 DMI（kg/d）	7.7	8.6
躺卧时间（min/d）	424	461
躺卧次数（次/d）	5.3	6.3
130 d 产奶量（kg）	2388	2595

五、转群

新产牛随着采食量的增加应转向高产群；孕检结果、产奶量和体况是高产牛转群的重要依据。此外，在转群过程中还应考虑奶牛社会行为，减少"奶牛冲突"的出现，以及如何防止 DMI 和奶量的下降。在牛舍布局设计上，新产牛舍应该距离高产牛舍不远，奶牛转入邻近的、熟悉的群体时，可以减少群体中"奶牛冲突"的发生。转群后，奶牛面临不同的日粮（新产调高产和高产调低产等）、饲喂时间和挤奶时间均发生变化，当一头奶牛转入到一个新群之后，面临着环境、社会等级、营养状况等多重压力。有研究表明，即使在日粮不变的情况下，由于转群的影响，产奶量下降 2.5%～5%。也有研究显示，从一

个群体到另一个群体，需要 3～7 d 的时间来适应环境。所以，在每一次转群的时候，最好是一次转移一个群体，这样就能减少"奶牛冲突"的出现。

六、日粮营养

奶牛的日粮组成和营养成分固然重要，对奶牛的 DMI 也有显著影响。谷物饲料能够提高奶牛的 DMI 和产奶量，但随之带来的是酸中毒、乳脂率下降和奶牛肢蹄病的增多，利用年限缩短和淘汰率增高等问题。从营养角度我们强调的是能量、蛋白质、脂肪、碳水化合物、矿物质、维生素和氨基酸等的平衡。我们更加注意优质纤维饲料的选择，研究表明，粗饲料 NDF 消化率（NDFD）每增加 1%，采食量增加 0.17 kg，产奶量增加 0.25 kg；即若日粮 NDFD 提高 4～5 个百分点，产奶量可增加 1 kg，NDFD 越高，供能越多，产奶量越高。因此，优质牧草的选择上应注重相对饲喂价值（RFV），粗饲料的"功能性"远比营养更重要。如何提高 NDFD？一是选择 NDFD 较高的优质粗饲料，或者使用其他的优质牧草替代；二是合理加工日粮，同步化蛋白质和碳水化合物营养；三是通过科学使用滨州筛和粪便筛合理调整日粮；四是适当使用 NDFD 消化率较高的短纤饲料如啤酒糟、大豆皮、甜菜粕等；五是科学制作全株玉米青贮即适时收割，科学贮存，达到干物质 30% 以上，淀粉 30% 以上，NDFD 50% 以下，NDFD 50% 以上，乳酸 6% 以上，丁酸；六是合理使用促进纤维消化的添加剂如米曲霉提取物、酵母及酵母提取和培养物、植物提取物、瘤胃缓冲剂、促纤维消化酶制剂等。优质纤维性粗饲料是奶牛营养的基础，它是奶牛日粮金字塔的根基，只有发挥好优质纤维性粗饲料作用，奶牛才能更加有效利用谷物饲料及其他饲料，更有利于提高 DMI，才能实现健康的奶牛更高产。

1. 投料管理

TMR 投料时间需协同奶厅工作时间，做到"牛走、粪清、料到"。投料量准确并投撒均匀，无高低起伏，投料距离在采食道坎墙 60～70 cm（安装垂直颈夹的不能超过采食道坎墙 60 cm）。

2. 推料频次

挤奶牛返回牛舍后，上颈夹采食 30～40 min 时间内，至少推料 1 次，理想状态下刚返回牛舍这半小时采食量能达到单班次投料量的 30%～35%。其余时间应至少 1 h 推料 1 次；每班次挤奶前 40～60 min 牛群中会有 25%～35% 的牛只处于采食状态，此时需要推料 2 次以提高采食量，降低剩料量。

3. 匀料补料

牛舍两端和靠近水槽位置的料先吃完，要及时补料，夜间注意光线明暗的地方剩料差别，并保证采食道各处的饲料要均匀。

4. 清除 TMR 杂物

推料过程中，发现 TMR 料中杂物及时清理。

5.TMR 料水分控制

热应激期间，要关注喷淋头角度和风扇角度，避免喷淋水洒落到 TMR 料中，保证日粮品质和口感。

第五节 提高泌乳高峰产奶量的技术措施

一、提高干奶前期母牛的干物质采食量（DMI）

干奶前期母牛干物质采食量的增加，将增加新产前即干奶后期母牛的干物质采食量，进而会增加新产母牛的干物质采食量，并由此提高高产母牛的干物质采食量。我们需要使这些母牛采食足够的干物质，获得大量的营养，以最大限度地提高高峰奶产量。

二、控制好代谢问题

因为所有的代谢问题，都会导致干物质采食量的减少，并降低高产母牛的高峰奶产量。

三、适时转群

如果移赶太早，这些母牛可能不够自信，或者感到与其他母牛的竞争没有足够的能力。但是如果移赶太迟了，奶产量持续增加的开始可能受到限制，而且它们的泌乳高峰不会达到其充分的潜力。

通常新产母牛在泌乳的 20～25 d 时，将其移至泌乳牛群，其奶产量有巨大的上涨。这种将母牛待留在新产栏内较长的管理决策，其问题是：新产日粮的营养浓度不够高到足以让母牛获得所有的营养，无法在该极大增长期间最大限度地提高奶产量，奶产量的高峰期将受到限制。

四、提高新产和高产母牛栏内的舒适度

提高母牛的舒适度通常可提高奶产量。不论是限制过分的拥挤，还是设计更好的卧床或卧栏，都需要对母牛的舒适度经常应对和再评估。如果是沙垫的卧栏，是否所有的卧栏都是可用的？是否有些卧栏上的沙有成堆的情况而限制了使用？如果你有卧栏的床垫或者橡胶垫块，是否有足够的垫料？卧栏上的颈干是否调整至合理的高度和位置？

五、提高高产母牛饲粮的营养物质消化率

在某些情况或某些时候，我们不能让母牛采食更多数量的饲料，或者让母牛采食更多饲料效率低的饲料。如果是这种情况，那么使日粮更易消化，可能就是一种选择。

第六节　预防亚急性瘤胃酸中毒的营养调控措施

在当前集约化的畜牧养殖过程中，为了尽可能地提高生产效益，通常给高产奶牛饲喂以高淀粉、低纤维为营养特征的日粮，同样提高了亚急性瘤胃酸中毒（Subacute rumen acidosis；

SARA）等营养代谢病的患病风险。通常认为，如果一日之内瘤胃 pH 值 < 5.5（但 > 5.0）达 3 ~ 5 h，便发生了亚急性瘤胃酸中毒。据报道，在欧美国家奶牛 SARA 患病率为 11% ~ 26%，每年造成的直接经济损失高达上亿美元。而我国由于缺乏优质草，精料的使用量更大，SARA 的发生更普遍，有的牧场发病率甚至达到 50%。奶牛发生 SARA 后，瘤胃内环境失衡，采食量及饲料转化效率降低，乳品质下降，同时还会继发性引起乳房炎、蹄叶炎、肝脓肿等一系列问题。

一、SARA 的发生机理

生理状态下奶牛瘤胃 pH 值维持在 5.5 ~ 6.8，主要由日粮性质、有机酸生成、吸收速率及唾液分泌量等因素综合决定。当奶牛采食大量高精料日粮后，可溶性糖及淀粉分别在 12 ~ 25 min、1.2 ~ 5 h 内就被瘤胃微生物降解成挥发性脂肪酸（VFA），且产生速度远超瘤胃壁吸收速度，使瘤胃 pH 值在短时间内急剧下降。当 pH 值 < 6.0 时，瘤胃微生物区系发生改变，纤维分解菌的生长受到抑制，使耐酸的乳酸产生菌处于优势地位。此时瘤胃微生物的代谢产物以乳酸为主，进而使乳酸不断积累。乳酸的酸度是 VFA 的 10 倍，因而乳酸的积累会进一步降低瘤胃 pH 值。若低 pH 值状态持续时间过长，还会导致瘤胃粘膜坏死、渗透压升高、瘤胃蠕动减慢，从而影响 VFA 的吸收，加剧瘤胃酸性环境。当 pH 值降低至 5.6 以下并连续超过 3 h 时，便认为奶牛发生 SARA。瘤胃酸中毒的发病机理如图 5-2 所示。

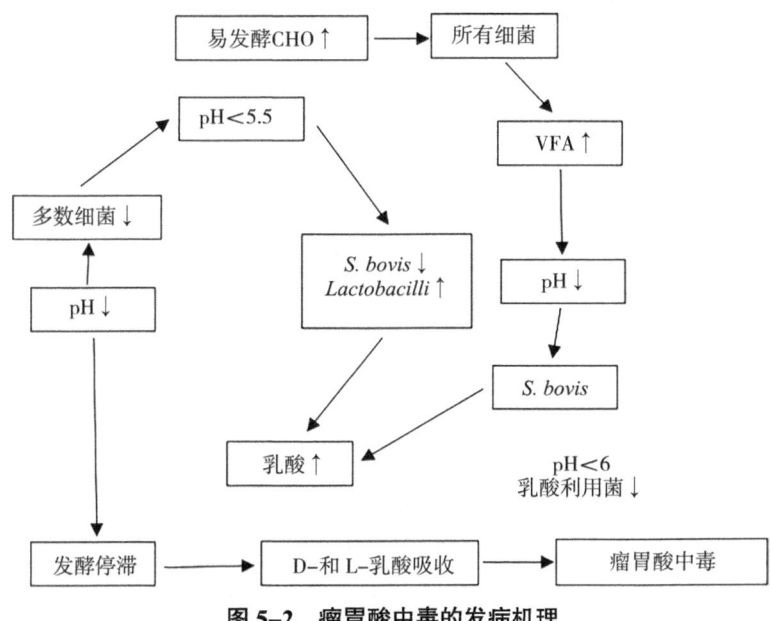

图 5-2 瘤胃酸中毒的发病机理

二、SARA 的负面效应

SARA 奶牛无明显临床症状,干物质采食量(DMI)下降是其最普遍现象,也是其诊断依据之一。研究发现高精料诱导奶牛 SARA 后,DMI 降低 25% 以上,且小麦对 DMI 的影响比玉米更大。DMI 下降是奶牛自身调节的表现,当瘤胃 pH 值低于 5.5 时,机体通过抑制采食行为,减少可溶性碳水化合物的摄入,以缓解 pH 值进一步降低。另有研究认为,葡萄糖、短链脂肪酸或乳酸等渗透活性物质的积累,增大了瘤胃内容物渗透压,使更多的液体流入瘤胃,从而导致 DMI 降低。

足量的 DMI 是奶牛健康、高效生产的保证。在泌乳早期,

DMI 降低可能会加剧能量负平衡，增加体内脂肪的动员，促使酮体大量产生，从而诱发酮病等代谢疾病。

SARA 还会引起瘤胃炎、肝脓肿、蹄叶炎及乳房炎等炎症反应。与皱胃壁不同，瘤胃上皮细胞不受黏液保护，更易受酸的损伤。因此，持续较低的瘤胃 pH 值可引起瘤胃炎，并最终导致瘤胃上皮角质化不全、侵蚀和溃疡。瘤胃炎是 SARA 的基本病变，它还会诱发其他慢性疾病。瘤胃上皮发炎后，致病菌可能会定植在乳突上并经门静脉渗入肝脏，将导致肝脓肿，有时甚至会引起脓肿部位周围的腹膜炎。如果未被肝脏清除，这些致病菌将会随血液循环转移至心脏、肺脏、肾脏及关节组织器官。由此而引起这些组织器官的病变，很难被诊断。

除了这些致病菌外，低 pH 值还会导致瘤胃中革兰氏阴性菌崩解死亡，并释放出大量细菌内毒素（LPS）、组胺（HA）等致炎性物质。这些 LPS 和 HA 可被受损后的瘤胃上皮吸收入血，并刺激血管收缩，降低血流量和血氧含量，从而导致蹄叶部位缺血，诱发奶牛蹄叶炎。因蹄叶炎是一种较明显的临床症状，有研究将其发病率超过 10% 作为奶牛群体是否发生 SARA 的判定标准。

最近有研究表明入血后的 LPS 和 HA 可以突破血乳屏障，移位至乳腺，诱发乳房炎，导致产奶量与乳品质的下降。Krause 等的研究表明高精料诱导奶牛瘤胃酸中毒后，产奶量每天降低 3 kg，乳脂量下降 34～37 g/kg，乳蛋白下降 28～29 g/kg。

三、SARA 的营养调控措施

随着集约化养殖技术的不断提高，以及持续的遗传改良，

第五章 奶牛生产性能测定的智能化决策

当前奶牛的产奶量得到大幅度的提升。一方面高产奶量需要高能量日粮及采食量来维系，另一方面采食过多的高精料又容易诱发 SARA 等代谢疾病，影响牛只健康，长远来看不利于奶牛养殖业的发展。因此通过营养调控来预防 SARA，以保证奶牛健康、高效生产显得尤为重要。总体而言，SARA 的预防包括两个方面：①调节瘤胃壁 VFA 的吸收效率；②调控瘤胃发酵过程，维持 pH 值稳定。前者主要通过饲养管理来实现，后者则主要通过日粮管理或者应用添加剂来实现。

1. 规范饲养管理

在饲养管理上，合理调配日粮是关键。首先，要控制干奶期的营养水平。其次，饲喂的全混合日粮（TMR）的颗粒度，如果搅拌过细，影响奶牛采食后唾液的分泌，增加奶牛瘤胃酸中毒的风险。当日粮以粗饲料为主向以精饲料为主变换时，应逐步进行，因为瘤胃微生物对环境的改变有个适应的过程，突然改变日粮很容易引发奶牛瘤胃酸中毒，尤其是对围产期奶牛。研究发现瘤胃壁需要 4~6 周来适应高精料的摄入，而瘤胃微生物区系的更新也需要 3 周才能完成。因此奶牛从干奶期过渡到泌乳期必须逐步改变日粮，以防止前胃负担过重。

不同奶牛个体对 SARA 的耐受性存在显著差异。Schlau 等发现，对 SARA 耐受性高的奶牛瘤胃 VFA 浓度很低，瘤胃具有更稳定的 pH 值。而 DeVries 等的研究表明，增加饲喂次数可以降低奶牛采食时间，VFA 的产生更加均衡，有助于稳定瘤胃 pH 值。Macmillan 也报道对于采食而言，采食时间更长的奶牛瘤胃酸中毒的发病率更高，但增加饲喂次数对奶牛的影响存在争议。Shabi 等报道，增加饲喂频率可以促进瘤胃发育，刺激奶牛咀嚼、反刍以及唾液的分泌，因而保证奶牛、牛奶产量和产奶效率均有所提高。而 French 和 Kennelly 的研究认为，增加饲喂次数并不能影响瘤胃发酵，因而对奶牛无明显影响。

另外，当奶牛采食量迅速下降时要及时检测尿液 pH 值、尿酮体，并注意是否患有肢蹄病和消化代谢疾病，以便及时确认奶牛是否发生瘤胃酸中毒。

2. 保证纤维含量

奶牛的唾液是由腮腺、舌下腺和颌下腺等腺体分泌的混合液，其 pH 值为 8.2，可以中和瘤胃微生物发酵产生的有机酸（VFA 和乳酸），从而维持瘤胃 pH 值的稳定。日粮中适量的纤维含量有助于缓冲瘤胃 pH 值的下降。NRC（2001）推荐奶牛日粮中 NDF 含量不低于 25%；而在德国，奶牛日粮中的干物质至少含有 18% 的粗纤维，且结构性要占 2/3 以上。除此之外，Mentens 的研究表明日粮的长度超过 1.18 mm 才能刺激奶牛咀嚼和反刍，从而影响唾液的分泌，因此他提出使用物理有效纤维（peNDF）来控制奶牛日粮的纤维水平。所谓 peNDF，即日粮中促进反刍和刺激瘤胃内容物两相分层的那部分纤维含量，计算公式为 NDF 与物理有效因子的乘积，其中物理有效因子则是日粮粒度超过中 1.18mm 部分的干物质含量或者 NDF 含量所占比例。据推荐，泌乳奶牛的 peNDF 含量应不低于 15%。日粮的粒度可通过宾州筛来评估。

3. 使用低淀粉日粮

低淀粉型日粮主要是由一些淀粉含量较低的饲料源替代了高淀粉含量的谷物饲料。研究表明，当日粮的淀粉含量控制在 18%～25% 时，使用饲喂玉米谷物或玉米青贮及其副产品，未对瘤胃微生物发酵及微生物蛋白产量、奶牛采食量、产奶量及乳成分产生明显影响。这似乎说明通过使用低淀粉含量的饲料原料替代部分谷物饲料来配置低淀粉日粮可有效降低 VFA 的产生速率，缓解瘤胃 pH 值下降，从而降低 SARA 的风险。这些低淀粉原料包括优质牧草（苜蓿等）、中性洗涤可溶性纤维（啤酒糟、苹果渣、柑橘渣、大豆皮、甜菜粕等）以及可溶性糖（果胶、乳糖、蔗糖、糖蜜等）。优质牧草含有较高的中性洗涤纤维（NDF），当瘤胃 pH 值因产出的挥发酸过多而下降时，较长的纤维片段促进奶牛咀嚼、反刍，提高瘤胃 pH 值的缓冲能力。而用甜菜渣和柑橘渣这类辅料的 NDF 不易产生乳酸，从而有效避免瘤胃 pH 值急剧降低。一般认为可溶性糖相对于其他碳水化合物组分有快速分解的作用，日粮中添加可溶性糖的奶牛瘤胃 pH 值会降低。然而许多研究表明，当蔗糖或乳糖取代日粮中的部分高淀粉成分时，奶牛瘤胃 pH 值不受影响。Broderick 和 Radloff 用固态糖蜜和液态糖蜜分别替代 0～12% 和 0～9% 的日粮玉米来饲喂奶牛，也发现奶牛瘤胃总挥发性脂肪酸（VFA）浓度差异不显著。Hall 等研究表明，在满足有限纤维需要量时，非纤维性碳水化合物（NFC）的干物质最佳组合为糖类 0.5%，可溶性纤维 10%，淀粉 20%。

4. 谷物加工

通过对原料进行加工处理，改变淀粉在瘤胃的降解特性及消化位点，从而改变瘤胃 VFA 的生成速率和产生量。对淀粉原料的加工处理方法主要有物理加工和化学加工两大类。物理加工方法是通过破坏淀粉的结晶结构，并在超过其糊化温度时遇水膨化，从而加快降解速率，它主要包括高水分化、蒸气碾压、蒸气压片、制粒、膨化等。研究表明，这些物理处理方法都能在一定程度上提高淀粉消化率及产奶量。

化学方法则主要是通过有机酸处理，使其羧基取代淀粉链上的羟基，最终形成交联结构，增强淀粉颗粒在瘤胃的稳定性。另外，研究表明有机酸处理几个小时就可通过改变谷物原料纤维含量，加速植酸降解，降低 β-葡聚糖活性来减缓淀粉的降解，进而提高其营养价值。常用的有机酸主要有乳酸和柠檬酸和单宁酸，处理方法为将适量的谷物原料浸泡于浓度为 0.5%～1% 的有机酸溶液中，封闭放置 24～48 h。

5. 应用添加剂

除了依据奶牛营养特征进行饲养管理与日粮管理外，还可以通过添加功能性添加剂调控瘤胃发酵环境，从而降低 SARA 的发病率。

（1）添加缓冲剂

添加适量的碱性缓冲剂能够在一定程度上稳定 pH 值，常用的缓冲剂有碳酸氢钠、倍半碳酸钠、氧化镁、钠基膨润土、碳酸钙、碳酸钾，其推荐用量如表 5-3 所示。由于碳酸氢钠的 pKa 与瘤胃适宜 pH 值接近，是最常用的缓冲剂。研究表明，给泌乳期奶牛饲喂 150g/d 的碳酸氢钠有助于提高产奶量、采食量及乳脂率。但是添加碳酸氢钠仅能在短时间内有效减轻瘤胃酸中毒，长时间使用碳酸氢钠不仅会破坏阴阳离子平衡而产生副作用，还会因为产生过多 CO_2 而引发继发性瘤胃酸中毒。

表 5-3 泌乳奶牛饲粮中各种缓冲剂的推荐添加量

缓冲剂	推荐量（g/d）
碳酸氢钠	110～225
倍半碳酸钠	110～225
氧化镁	50～90

第五章 奶牛生产性能测定的智能化决策

续表

缓冲剂	推荐量（g/d）
钠基膨润土	110～454
碳酸钙	115～180
碳酸钾	270～410

（2）添加吸附剂

如上所述，奶牛发生 SARA 后，瘤胃产生大量的 LPS 很容易突破胃黏膜屏障进入血液循环而引起一系列炎症反应。吸附剂能与类脂 A 结合形成不被消化吸收的复合物而直接排出体外，使进入血液循环的 LPS 含量减少，提示可以使用吸附剂来减轻 SARA 的症状。常见的吸附剂有活性炭、蒙脱石、酵母细胞壁等。雷春龙通过模拟体内瘤胃生理条件，发现蒙脱石对肉牛瘤胃液中游离的 LPS 有较高的吸附率和效价比。同时动物饲喂试验的研究也表明在肉牛高精料饲粮中添加蒙脱石和酵母细胞壁具有提高采食量和日增重的趋势，因此，他认为这是一种值得推广的控制 LPS 含量的新方法。Steczko 等通过体外试验发现活性炭能吸附奶牛血浆中 50% 的 LPS，而 Nagaki 等则报道活性炭不仅吸附 LPS，而且也吸附血浆中的蛋白质，并指出如活性炭等非选择性吸附剂不适合用于内毒素的去除。

（3）调控乳酸的生成与利用

瘤胃内许多微生物如牛链球菌、乳酸杆菌、溶纤维丁酸弧菌均能产生乳酸，而乳酸利用菌主要有埃氏巨型球菌和反刍兽新月形单胞菌。这两种菌群的平衡状态决定了瘤胃内乳酸的含量，因而可以通过调控瘤胃中产乳酸菌与乳酸利用菌的数量和比例来抑制瘤胃酸中毒的发生。

目前调控乳酸产生菌数量的方法主要有添加载体类抗生素、接种疫苗或者抗体两种。在饲粮中添加泰乐菌素等离子载体类抗生素可通过减少甲烷产生量、降低乙酸丙酸比例、抑制牛链球菌的生长来提高瘤胃pH值，从而减少瘤胃酸中毒的发生。但是抗生素的添加也会抑制纤维分解菌的生长，降低对粗饲料的降解，造成能量浪费。另外抗生素还存在药物残留问题，目前正被逐步禁用。

接种牛链球菌和乳酸杆菌疫苗或者抗体也可以降低瘤胃乳酸含量。Shu等通过给牛接种牛链球菌5和乳酸杆菌疫苗发现唾液中特异性抗体显著增加，瘤胃液中牛链球菌和乳酸杆菌数量减少，乳酸浓度降低。Gill等发现给羊接种牛链球菌5活疫苗和灭活疫苗都能刺激机体产生抗体使瘤胃中乳酸浓度降低，且活疫苗比灭活疫苗效果更好。受到这两个实验的启发，DiLorenzo等先后分别给患SARA和患肝脓肿的肉牛接种抗牛链球菌的多克隆抗体（PAP-Sb）和抗坏死梭杆菌的多克隆抗体（PAP-Fn），实验发现与对照组相比，添加PAP-Sb和PAP-Fn分别使瘤胃液中牛链球菌和坏死梭杆菌的数量降低，瘤胃pH值升高，最终减轻SARA或肝脓肿的症状。

调控乳酸利用菌数量的方法则相对较多。反刍兽新月形单胞菌是一种乳酸利用菌，它能通过苹果酸-琥珀酸途径使乳酸脱羧生成丙酸。研究表明，天门氨酸、苹果酸和富马酸等电子受体能促进反刍兽新月单胞菌的生长。在含DL-乳酸培养基中分别添加10 mmol/L的天门氨酸、苹果酸和富马酸后反刍兽新月形单胞菌生长速度增加2倍，乳酸利用能力增加4～10倍，这为调控瘤胃酸中毒开辟了一种新思路。随后的研究显示，在高精料饲粮中添加这些电子受体均能促进反刍兽新月形

第五章　奶牛生产性能测定的智能化决策

单胞菌的生长和对乳酸利用，使瘤胃乳酸和乙酸含量降低，丙酸含量增加，从而减少 SARA 的发生。这些电子受体属于三羧酸循环的中间产物，可被动物机体利用，不存在残留及耐药性等问题。因此，通过添加电子受体来调控乳酸发酵及抑制 SARA 具有很好的应用前景。除添加电子受体外，瘤胃内直接接种埃氏巨型球菌或在饲粮中添加适量乳酸盐、植物提取物、酒糟、酵母及其培养物也可以通过提高乳酸利用率和竞争性抑制牛链球菌的生长来减少瘤胃乳酸含量，从而抑制 SARA 的发生。

（4）添加硫胺素

硫胺素又称维生素 B_1（VB_1），其在机体内的活性形式为焦磷酸硫氨素（TPP），是三羧酸循环和磷酸戊糖途径的关键辅酶。当奶牛因采食过多精料导致瘤胃异常发酵时，细菌会产生更多的硫胺素酶来降解 VB_1，引起 VB_1 的缺乏。研究发现，患 SARA 的反刍动物饲粮中添加硫胺素能降低硫胺素酶活性，减少瘤胃液和血液的 LPS、组胺含量，还能够通过促进瘤胃埃氏巨型球菌的生长，抑制牛链球菌和乳酸杆菌的繁殖来改善瘤胃发酵，从而起到缓解瘤胃酸中毒的作用。

饲喂高谷物日粮能够提高奶牛的生产效益，但同时也会增加瘤胃酸中毒发病率，影响奶牛的健康，给奶牛养殖业带来巨大经济损失。因此，在生产上需要重视对瘤胃酸中毒的预防。目前预防手段众多，主要还是通过营养调控来实现。增加饲喂次数和控制饲喂量、保证饲粮物理有效纤维（peNDF）水平、对谷物进行加工处理、配置 TMR 饲粮等方法均可在一定程度上降低瘤胃酸中毒的发生率。除此之外，还可以通过添加缓冲剂、吸附剂、电子供体等物质来调控瘤胃发酵环境，进而抑制瘤胃酸中毒的发生。

第七节　干奶围产期牛高纤低能日粮的饲喂策略

干奶牛是指产前60d至临产的奶牛,在这个阶段,奶牛经历从干奶到泌乳;从怀胎到分娩;从产前日粮到产后日粮的转变;生理代谢变化剧烈。奶牛约有70%的疾病发生在围产期,围产期奶牛容易出现蹄病、乳腺炎、子宫炎、胎衣不下、酮病、真胃移位、产乳热等疾病,而且生产实践中,这些疾病相互关联,相互影响,导致新产牛淘汰率增加,给牧场的饲养管理很大的经济损失。

近年来随着研究的深入,在多年的实践经验基础上,针对低能日粮的营养方案实施及饲养管理策略的关键点进行阐述,以期牧场能够根据这些要点,结合牧场实际情况,现围产期奶牛健康高产、代谢疾病发病率低的目标,提升牧场盈利能力。

一、干奶牛面临的挑战

1. 能量负平衡

奶牛分娩前后采食量下降,泌乳早期产奶量日增,日粮能量无法满足自身需求,导致能量负平衡,从而需动用体脂,导致奶牛血液非酯化脂肪酸(NEFA,即游离脂肪酸)含量增加,易酯化成甘油三酯(TG)在肝脏组织中沉积,进而诱发脂肪肝及其他代谢疾病，即使是健康的奶牛也会发生能量负平衡（Bell，1995），只是程度不同。

2. 低血钙症

分娩、初乳的合成需要大量的钙离子消耗，血钙离子的平衡遭到破坏，在分娩时几乎所有的奶牛都会发生低血钙症，而血液中磷、镁的含量也会影响奶牛的血钙浓度。如日粮钾过多诱导代谢性碱中毒阻碍甲状旁腺激素活动，日粮镁不足将阻碍体组织中的甲状旁腺激素活动，导致奶牛出现低血钙症。

3. 瘤胃健康

奶牛瘤胃是巨大的发酵罐，瘤胃健康是奶牛健康的基础，在干奶期向产奶期过渡时，瘤胃内环境的稳定，日粮的平稳过渡，以及新产期预防奶牛慢性酸中毒是非常重要的。

4. 免疫功能下降

由于干奶牛产前采集干物质和能量的不足，分娩应激，引起中性粒细胞和淋巴细胞减少，分娩时奶牛由于产道开放，子宫炎感染率高，激素变化很大，对奶牛免疫方面是个挑战，升高的 NEFA 浓度可以直接损害中性白细胞的活力（Scalia 等，2006），而高浓度的 β-羟丁酸（BHBA）可以降低中性白细胞的功能（Grinberg 等，2008）。

二、干奶牛低能日粮的营养策略

根据 NRC 2001 版的推荐，奶牛生产中一直提倡在围产前期给奶牛提供高能日粮，理论的基础在于瘤胃微生物菌群和瘤胃乳头可以逐渐适应产后高营养日粮，同时降低了的脂肪动员和脂肪沉积；尽管这些想法都是合理的，且研究数据也比较详尽，但在试验研实际生产中，产前高能或"预热"日粮的饲喂方法对产后代谢疾病的控制并不理想；研究数据表明高能日粮对产后牛代谢病、产后食欲及采食量的稳定性和重复性并不好。从 2006 年起，国际上开始对低能日粮开展研究和应用，并做了大量的试验，发现低能饲较好地解决了产后代谢疾病的问题；在欧洲（英国，以色列，法国，瑞典）的 277 个牛群试验时，参与试验的牛头数 > 27 000 头牛，使用干奶牛低能日粮和高能日粮相比，助产下降 53%，胎衣不下下降 57%，产乳热下降 76%，真胃移位下降 85%，酮病下降 75%；生产者对牛群产后食欲、体况及发情状况表示非常满意，牛群产量和健康风险均在国家平均水平之上（Beever, 2008）。干奶牛低能饲养法实施过程中，要达到理想效果，也需要注意关键点的控，围产期管理才会取得成功。干奶牛低能日粮推荐的营养指标见表 5-4。

表 5-4 干奶牛低能日粮推荐的营养指标

项目	干奶牛前期	干奶牛后期 / 围产前期	
		低钾日粮	阴离子盐日粮
干物质采食量（kg）	11.5 ~ 13	11 ~ 12	11 ~ 12
泌乳净能（Mcal/kg）	1.30 ~ 1.39	1.40 ~ 1.45	1.40 ~ 1.46
代谢蛋白质（g/d）	1 100	1 100 ~ 1 300	1 100 ~ 1 300
非纤维性碳水化合物（%）	28 ~ 32	28 ~ 32	28 ~ 33
淀粉（%）	12 ~ 16	16 ~ 19	16 ~ 20
钙（g/d）	< 100	< 100	140
钙（%）	< 0.6	< 0.6	> 1.2

续表

项目	干奶牛前期	干奶牛后期／围产前期	
		低钾日粮	阴离子盐日粮
总磷（%）	0.30～0.35	0.30～0.35	0.30～0.35
镁（%）	0.40～0.42	0.40～0.42	0.40～0.42
氯（%）	0.3	0.3	0.8～1.2
钾（%）	<1.3	<1.3	<1.3
钠（%）	0.1～0.15	0.1～0.15	0.1～0.15
硫（%）	0.2	0.2	0.2
硒（%）	0.3	0.3	0.3
维生素A（IU/d）	100 000	100 000	100 000
维生素D（IU/d）	3 000	3 000	3 000
维生素E（IU/d）	1 800	1 800	1 800

注：以荷斯坦奶牛650 kg体重为标准。

1. 提高干物质采食量，减少能量负平衡

由于产前牛群的采食量跟产后的干物质采食量直接相关，奶牛场也在追求更高的采食量，以期望奶牛产后达到最高的干物质采食量；奶牛干奶期采食量过低，干奶牛过肥等都会加重奶牛的能量负平衡，造成新产牛采食量低且高峰奶量低，产后酮病、脂肪肝等疾病多发。

在关注奶牛的干物质采食量的同时，也要关注日粮的能量水平，以控制总能的摄入量。干奶牛低能日粮的应用，优先考虑干物质采食量，太多或太少的采食量都有问题，需要设计合理的能量浓度，让奶牛摄入的总能满足奶牛的营养需要，不要太多，不要太少，就是正好，而且连续的稳定的干物质采食量，对于促进产犊后的高采食量很重要。

还需要注意的是，在生产实践中，干奶牛干物质采食量也并非越高越好，过高的干物质采食量（超过 15 kg）会导致总能超标，也会导致奶牛变肥，牛群在干奶期增重过快及胎儿过大，产犊后采食量上升慢，体重及体况损失大。

目前，控制干奶牛能量摄入的手段主要是通过控制日粮中碳水化合物的水平，限制高淀粉含量的玉米青贮类型的粗饲料，同时控制精饲料中玉米等能量饲料的摄入，控制适口性好的粗饲料的采食，以达到控制总能的目的。要注意的是，在生产实践中，不可以通过限制饲喂（如长时间空槽）来限制奶牛的能量水平，这样会导致奶牛产前就出现严重的能量负平衡，导致奶牛脂肪代谢紊乱，产后食欲不振及酮病高发。

干奶期推荐的能量摄入水平：干奶早期（干奶～产前21d）的干物质采食量 11.5～12.5 kg，理想水平最好达到 13 kg 及以上；成年母牛泌乳净能（NEL）1.30～1.39 Mcal/kg；头胎或三胎母牛 NE, 1.41～1.45 Mcal/kg；淀粉含量 12%～16%；干奶后期（产犊前 21～0 d），干物质采食量需要最好达到 11～12 kg，淀粉含量 16%～19%，净能含量 1.45～1.5 Mcal/kg。

2. 合理选择与加工粗饲料，避免挑食

对于干奶牛粗饲料的选择，目前主要是玉米青贮及禾本科干草。近年来，全株青贮的制作技术逐年上升，淀粉含量也高，向干奶牛日粮能量的控制提出了挑战；为了控制日粮的总能，低质粗饲料的使用是比较经济且能够满足高瘤胃充盈度以减少产后真胃移位率的要求。在干草的选择上，也倾向于用低能、低钾、适口性好、容积大的干草，如燕麦草、莜麦秸、稻草、玉米秸秆等，特点是低质粗饲料不容易切短，加工处理比较困难，储存不当容易霉变，灰分高也会影响奶牛采食。豆科干草如苜蓿草、花生禾、大豆中钾的含量都很高，大多在 2%～3%，饲喂给干奶牛容易造成奶牛产后产乳热，一般不推用。干奶牛选择粗饲料的选择见表 5-5。

表 5-5 干奶牛各种粗饲料的选择

粗饲料	特点	缺点
麦秸、稻草、莜麦秸	能量低，排空速度慢，体积大，适口性好，低钾低钙，有助于减少 TMR 的湿度	不容易切断而导致分层
玉米青贮	低蛋白质，低钾，低钙，配合麦秸、稻草使用，适口性较好，成本低	优质全株玉米可能导致淀粉过多或者能量过剩，低质量青贮会扰乱瘤胃发酵、消化功能且可能影响免疫功能
芦苇草	中等蛋白质和能量浓度，低钙高瘤胃充满度，适口性不佳	必须预切，否则牛群挑食严重
冷季节干草（燕麦草/羊草）	中等蛋白质和能量浓度，低钙高瘤胃充满度，适口性好	根据收割季节、成熟度、肥料等不同，钾有可能偏高，较麦秸相比高能高蛋白质，可能较麦秸产生乳热的风险大些
玉米秸秆	类似于麦秸营养成分，低淀粉，低的含糖量，高纤，低钾低钙，体积大，加工适宜的话适口性较好	灰分高，加工处理比较困难，贮存不当容易霉变，灰分高也会影响奶牛采食

对于干奶牛低质粗饲料的使用上，尤其麦秸、稻草、玉米秸秆等农副产品收割时储存环境不佳时，非常容易感染霉菌毒素，收贮时必须加以注意，霉变饲料禁止饲喂。

避免挑食是干奶牛低能日粮成功的重要因素。干草加工处理时最好有预处理，否则会造成干草太长，奶牛挑食严重，导致干奶牛低能日粮饲喂失败。低质粗饲料建议预粒 2～4cm，用宾州筛来衡量粉碎颗粒度时，建议粉碎干草的各层比例为：第一层 20%，第二层 40%，第三层 20%，第四层 20%；以最小化 TMR 日粮分层。

干奶期日粮推荐的粗饲料的 NDF 指标：粗饲料 NDF 为总干物质的 40%～50% 或 4.5～5.5 kg（体重的 0.7%～0.8%）。如果使用更多的高能量纤维来源（如进口燕麦目标值应在范围的高值），则秸秆用低值。

3. 调整矿物质代谢，预防低血钙症

预防奶牛低血钙症是奶牛饲养管理中的重点，目前国内外有几种主要防控方法：如低钙法、高钙法、阴离子盐法、部分阴离子盐法等。

低钙法，使用此理念配制日粮时，应使用豆科草、小麦青贮等高钾粗饲料，可以用燕麦草、羊草等禾本科干草、玉米青贮等设计时物离子的推荐指标如下：钙 ≤ 0.6%（日粮干物质计）；磷 0.27%；钾则越低越长能的低；镁 ≥ 0.40%（日粮干物质计）；使用此法优点是分群简单，成本低。

阴离子盐的方法目前也有些牛场采用，阴离子盐的原理是加快钙的代谢速度诱导酸碱失衡（DCAD −10～−15 mEq/100g 干物质），使用时需要每周监测尿液 pH 值（5.8～8.3），且要及时根据尿液 pH 值调整用量，操作难度大（只能产前 21d 饲喂），头胎牛不宜饲喂，操作比较烦琐，成本高，过度使用有诱导酸中毒的风险，使用对技术含量要求比较高。

4. 满足代谢蛋白质和氨基酸需求

关于干奶牛的蛋白质需求，干奶牛除考虑维持需要、胎儿发育需要外，还需考虑乳腺发育需求：目前推荐的蛋白质需要

量为 1 100～1 300g/（头 d）。如果日粮蛋白质低于12%，则会降低乳质量，影响产后牛的食欲和产量。如果日粮配方合理，则粗蛋白在13%～15%是需要，如果日粮蛋白质超过15%，不仅没益处，反而有害。近年来研究表明，在产前添加过瘤胃氨基酸，代谢蛋白质中赖氨酸和蛋氨酸的含量分别为6.6%和2.2%，对奶牛产后乳蛋白质的提升及泌乳潜力的发挥都有正面效果。

5. 提升机体免疫力，合理补充添加剂

在产前，血液中与免疫功能相关的维生素 A 和维生素 E 逐步下降，至分娩时降到最低点。维生素 A 和维生素 E 能提高奶牛对疾病的抵抗力。研究表明：给奶牛提供维生素 E（1 000 U/kg）和硒（每头牛 7～10 mg/d），将会降低体细胞和乳腺炎风险，增加胎儿血清中维生素 E 的浓度就能有助于将发生胎盘滞留的危险性降至最低，将会使初乳中维生素 E 水平提高。与免疫有关的矿物元素主要有锌、铜、硒等，也不可忽视。过瘤胃胆碱可促进 NEFA 的完全氧化，抑制酮体的生成，从而降低血液中 β-羟基丁酸（BHBA）的含量，减少奶牛酮病的发生。烟酸具有抗脂类分解和减少血浆酮体水平的作用，产前添加 6～12g 的烟酸可以有效地降低游离脂肪酸进入肝脏，从而减缓了高血脂及大量酮体蓄积时对机体造成的危害。

三、低能日粮使用中饲养管理的关键点

干奶牛饲养是个系统工程，低能日粮能够取得理想的效果，必须把泌乳后期的膘情控制、干奶牛分群管理、舒适度饲养管理以及新产牛合理过渡作为一个整体来考虑实施，这样才能保证方案能够取得理想效果。

1. 泌乳后期的膘情控制

在奶牛各个阶段，体况控制都是非常重要的。合理的干奶牛营养可以让奶牛在产犊时达到理想的体况；如果在干奶期以前奶牛过肥或者过瘦，应该在干奶期以前就关注到这个问题，避免在干奶期来再调整。奶牛过肥（体况评分即BCS，4.0）则会出现奶牛产后采食量不高，产后体况下降迅速，产后酮病及其他代谢疾病多发等，而奶牛BCS在3.25分的奶牛则表现较为理想（Alibrahim等，2010）。肥牛的出现与牧场的繁殖水平有关，这种牧场多数产犊间隔长，是母牛没有及时怀孕，这时候应该加强牧场的繁殖工作且每个月对奶牛进行体况评分，及时将肥牛挑出，加大淘汰或者使用低能配方降低膘情；而进入干奶期过瘦的奶牛则会增加产后子宫炎和乳腺炎的风险。干奶期的BCS理想评分应在3.0～3.25分。

2. 围产期奶牛的应激管理

近年来随着研究的深入，科学家们发现环境和管理因素对围产前期牛干物质采食量的影响比重高达50%，因此母牛的舒适度和环境越来越受到重视。良好的管理可以最小化社会和环境应激和提升奶牛舒适度，可以让奶牛的采食量达到理想的饲喂水平。

Nordlund（2014）提出奶牛围产期指数（TCI）包括以下5个方面：①饲槽空间；②社交应；③卧床空间（尤其是产前10 d到产犊时）；④卧床表面松软程度；⑤能否快速、有效发现需要治疗或特殊照顾的在产后给予治疗等。围产期应该提供合适的饲槽空间或者长度，料槽宽度至少76 cm，最好达到80 cm（泌乳牛是61 cm）；充足的水槽空间和饮水槽数量都得水精空间10 cm/头，水槽个数为每15～20头牛1个水槽。在产犊前 3～10 d，尽量减少群体的应激或重新建立群体等级；围产期奶牛的理想的饲养密度小于 80%，奶牛群的调动和围产期间的多次调群，也是应激因素，奶牛需要 3～14 d 来建立新的社会关系；其中牛和经产牛应该分开饲养以最大程度避免头胎牛的应激。围产期奶牛有无颈枷可以预防奶牛之间的争斗。

另外，不要忽视热应激对于干奶牛和围产牛的影响，干奶牛遭受热应激，减少胎儿的生长是次要的，最主要的是减少胎盘增长导致胎儿变小以及母牛乳腺发育不良，造成生产出来的牛体质差，且影响母牛整个胎次的产量。新的证据表明，热应激状态时的干奶牛和围产期的干奶牛相比，被动免疫和细胞介导的免疫功能受损严重。

3. 干奶牛的分群管理

干奶期一般分为两群，即干奶牛前期和干奶牛后期（围产前期），头胎牛产前 30 d 应单独成群，可以饲喂围产前期日粮。干奶牛前期和后期，根据群体大小，TMR 设备的大小可用两个配方或者同一配方。若群体太小，不足以单独做 TMR，也可以使用同一 TMR，优点是节省劳动力，干奶牛前、后期日粮实现"无缝对接"，减少换料应激，缺点是成本会较高。若干奶前期和后期使用同一配方，那么高干物质采食量是确保配方成功和减少替代的关键点。需要注意的是，若使用阴离子盐日粮时，荷斯坦青年牛围产前期不推荐采食子盐（娟姗牛除外），而干奶牛在产前 21 d 开始饲喂阴离子盐，因此应考虑将青年牛围产前牛与干奶牛分群饲养。

4. 合理的新产牛过渡方案

干奶期使用低能日粮策略时，如果直接转换成高能高淀粉的日粮，容易导致新产牛胃适应性差，食欲差，产量上升慢，因此新产牛日粮配方必须要有过渡日粮，新产牛日粮的基于高产牛日粮配方，设计更少的淀粉和更多的纤维，更多的有效纤维，如额外使用1 cm左右的切短禾本科干草等，能促进新产牛的瘤胃功能和采食量的快速提升，降低酸中毒风险。

总之，干奶期奶牛管理是一个系统工程，环环相扣，应该从泌乳后期就开始调控膘情，提供给牛合理的日粮方案和细节到位的饲养管理方案，且实施新产牛的过渡方案，这样才能保证奶牛低能营养策略，才能尽快提高新产牛的干物质采食量，将围产期代谢疾病发病率控制在较低水平，牧场才能够降低淘汰率，持续发展，稳定盈利。

第八节　成母牛繁殖管理策略

成母牛繁殖管理工作是奶牛场管理的关键环节，直接影响奶牛的生产性能和牧场经济效益。良好的繁殖管理能够提高奶牛的繁殖率、缩短产犊间隔、增加产奶量，对牧场的持续发展至关重要。

一、自愿等待期管理

1. 产后体况管理

产后的体况好坏，会影响奶牛首配繁殖效率，产后能量负平衡消瘦导致卵泡黄体发育不良，子宫收缩不好等问题，会影响奶牛首配受胎率，延长首配天数等繁殖指标，产后体况损失不能太大。

产后 95% 的牛体况需控制在 3.0～3.5 分，体况变化浮动不能超过 0.5 分，产后的体况好与坏需要从泌乳后期、干奶期、围产期开始管理调控。

2. 产后疾病管理

产后酮病、子宫炎、产道拉伤、乳房炎、蹄病等发病率高会严重影响奶牛受胎率，受胎率高的前提是奶牛是健康的，如果出现产后疾病，奶牛的子宫环境、卵泡黄体发育情况都会受到很大影响，而产后疾病的多少也和干奶期、围产期管理、产后保健有很大关系。

3. 产后子宫恢复

产后子宫恢复的好坏，会影响到首配受胎率和首配天数，与接产、围产期管理、产后保健是息息相关的，因此，要想使奶牛产后子宫尽快恢复良好，前提是需要对围产期、接产、兽医保健环节管理，兽医和繁殖部门也需要密切沟通和配合。

产后 21 d 内由兽医对产后产道拉伤、子宫炎、胎衣不下跟踪处理，尽量避免子宫内投药，采取全身用药法。

特别严重并引起全身症状的，可以采用子宫局部＋全身治疗方案，减少子宫炎转变成子宫内膜炎的比例，产后 21 d 后由繁育部门定期对子宫的恢复、分泌物和卵巢情况进行监控，存在严重子宫内膜炎和卵巢问题的必须干预治疗。

4. 自愿等待期时间设定

自愿等待期时间设定是奶牛繁殖流程中重要的一项环节，不只对牧场整体繁殖效率有着很大的影响，也会对整个牧场效益有着非常大的影响。

配种太早会影响首配成效，导致整体繁殖效率降低，影响牧场利润；太晚会延长泌乳天数，导致空怀天数延长影响牧场盈利。每个牧场需要根据产后牛只恢复情况、产量、泌乳持续力、发情揭发配种方式、首配同期方案、人员、胎次情况等设定不同的自愿等待期。

头胎牛和经产牛一定要设定不同的自愿等待期，头胎牛延后配种受胎率提升会非常大，不会影响胎次的繁殖效率，会提升产奶量，综合分析会增加盈利水平，而泌乳牛尽量能早配种就早配种，推迟配种不会显著提升受胎率，反而会增加难孕牛比例，增加淘汰率，综合分析会影响牧场盈利水平。

二、发情揭发工作管理

1. 发情观察关键点

不管哪一种发情观察法，需要技术员良好的职业道德和规范，所以，发情揭发这项工作最好安排责任心和技术较强的技术员去做，需要认真去分析每一头牛的发情表现（生理发情症状、外部发情表现和系统分析），综合分析判断和检查才能确定一头牛是否是真正的发情。

2. 发情观察时间

人工观察发情时，尽量每天5次观察发情法，凌晨和傍晚奶牛发情比例和表现是最高的，牧场可以选择尽量靠近这两个时间段进行发情观察，如果是涂蜡笔发情观察法，最少3次尾根发情观察，也有牧场选择一次发情观察并配种的，前提条件需要很好的牧场管理。

如果是计步器或者项圈揭发发情（活动量观察法），最少需要3次系统分析和现场检测判断牛只是否发情，要想使用好计步器或者项圈，日常维护非常的重要。

第五章　奶牛生产性能测定的智能化决策

3. 发情方法

现在牧场常用的发情观察方法有 3 种：单纯人工观察外部发情表现法、涂蜡笔人工观察法、计步器或项圈法（活动量观察法）。

三、配种工作管理

1. 解冻工作管理

①解冻时间：40～45 s，45 s 最佳。

②解冻温度。常规精液 35℃，性控精液 37℃，从液氮罐提取精液到解冻杯的时间要快，提取冻精时不能高出结霜安全线，超过 5 s 后如果没有取出冻精，应放回冻精提桶等待 5 min 后再次提取，确保精液细管快速通过冰点，防止精子细胞受损，解冻杯的温度要用两个温度计校正，无论是恒温还是人工解冻杯。

③解冻数量。一次最多解冻 2 支冻精，如果解冻数量过多，解冻杯的温度会有浮动，也不能保证每支冻精在 5 min 内输入牛只子宫体内。

④解冻卫生。解冻的水每天要进行更换，使用的器械每次使用完擦拭，每班次进行清洗消毒。

⑤装枪注意事项。装枪时动作一定要轻柔速度，减少对精液的震荡，使用镊子从解冻杯取出冻精吸管后要轻轻甩掉液氮，解冻后要用纸巾擦拭干净冻精管的水，输精枪的温度也要确保在 30～35℃，尤其冬季减少冻精解冻后温度变化太大，建议配置输精枪恒温包，剪冻精细管时一定要平齐。

2. 输精工作管理

①位置。最佳位置子宫体（子宫角分叉处）。

②手法。必须轻柔避免出血。

③输精时间。控制在 6～12 h，如果不能确保多频次的发情观察，尽量早配，因为精子存活时间较长，且进入到子宫体内需要 6～8 h 的获能时间，才能使卵母细胞受精，输精时一定要减少牛只应激，避免因应激影响受胎率。

四、同期发情管理

1. 首配同期方案

根据大量科学实验和生产实践，目前牧场常用且效果较好的首配同期方案有两种，预同期方案和双同期方案。

①预同期方案。有 11、12、13、14 d 预同期方案，11 d 预同期效果最好，如果产后子宫恢复效果差，建议使用预同期方案，预同期前在产后（15±3）d 再加一针 PG 作为保健针，预同期过程中前面 2 针 PG 注射后不建议配种，等到进入到再同期阶段有发情牛再配种。

②双同期方案。如果子宫状况好，但是受胎率低，发情揭发率低，人员紧张，可以使用双同期方案，但是对人员打针要求高，配种当天压力较大。可以尝试把同期方案起始天数分解到每天进行，每天同期打针，每天定时配种，每天孕检，前提条件是必须要有系统管理软件，每天对日常工作自动派单，人工筛选容易混乱。每天有同期、定时配种、孕检感觉会导致每天工作混乱烦琐，但实际执行中会比较轻松的，能够有充足的时间对每头牛认真做同期、定时输精、孕检等工作。

2. 同期方案

实际生产中大多数牧场使用 0789 再同期方案，根据牧场情况，使用方法有如下三种。

方法一：如果难孕牛比例太高，胚胎损失率高，孕检空怀率比例高，可以在初检前 7 d 注射 0789 方案的第一针 GNRH，孕检当天对未孕牛注射 PG，再间隔一天注射一针 PG，间隔 32 h 注射 GNRH，再间隔 16 h 配种，这个方案会减少胚胎损失，缩短空怀天数，减少难孕牛，但是费用会增加。

方法二：如果难孕牛和空怀牛比例不高，胚胎损失率低，可以在初检后用常规的 0789 方案。

方法三：如果使用 B 超做初检工作，且配种员 B 超技术水平较强，可以在初检的同时检测卵巢上是否有黄体，可以使用以下方案。

3. 难孕牛处理方案

最好的方法是借助 B 超对难孕牛检测处理，可以使用 G6G、双 PG 法、抗生素 +PG 法、14 d 阴道栓法等方法进行精准处理。

五、孕检管理

1. 初检

初检方式有很多，有观察返情法、B 超孕检、血检、手检，最直接快速的方法是观察发情，在配后 18 ～ 25 d 认真观察牛只，看是否有返情，如果发情及时再次配种。最常用的方法是 B 超孕检和血检，可以在配后 28 d 进行，血检费用高，B 超孕检对人员要求高，牧场可以根据实际情况选择，手检相对较晚，一般在配种后 35 ～ 40 d 可以进行。初检的目的是及时检出未孕牛再次处理配种并受孕，最合理的初检时间是在配种后 28 d 进行，前提需要饲养管理、牛只健康、繁殖水平管理较好的牧场。有些牧场因管理跟不上，初检准确率低，初检天数设定在 30 d 以后，建议要有成长性思维，加强技术提升和管理水平，确保在 28 d 孕检，能够缩短空怀天数和饲养成本，对检出的未孕牛最好在当天就开始再同期方案，及时处理再次配种受孕。

2. 复检

复检次数可以设定 2～3 次，第一次复检 60～90 d，第二次复检设定在 120～150 d，第三次复检设定在干奶前。

成年母牛的繁殖管理工作是一项系统工程，涉及饲养管理、发情鉴定、适时配种、妊娠诊断、分娩助产与产后护理等多个关键环节。通过科学合理的牧场管理，能够显著提升母牛的繁殖性能，增加牧场的生产效益。